建筑行业从业人员继续教育（岗位培训）丛书
陕西建工集团－杨凌职业技术学院企校合作特色教材

建筑工程施工安全
管理指南

主　编　沈兰康
副主编　贾宏斌　姜良波　朱如军
主　审　冯　旭　王瑞良

U0235881

黄河水利出版社
·郑州·

内 容 提 要

本书是建筑行业从业人员继续教育(岗位培训)丛书,是陕西建工集团–杨凌职业技术学院企校合作特色教材。本书系统讲述了建筑施工企业安全管理的知识及要求,主要内容包括安全管理、文明施工管理、施工现场安全管理、特种设备安全管理等。

本书主要作为高等职业教育土建类建筑工程技术、工程造价、工程监理、建筑设备工程技术等专业的教学用书,也可作为其他土建类专业学生以及企业技术人员岗位培训的教材。

图书在版编目(CIP)数据

建筑工程施工安全管理指南/沈兰康主编. —郑州:
黄河水利出版社,2015.9
ISBN 978 – 7 – 5509 – 1131 – 4

Ⅰ.①建… Ⅱ.①沈… Ⅲ.①建筑工程 – 工程
施工 – 安全管理 – 指南 Ⅳ.①TU714 – 62

中国版本图书馆 CIP 数据核字(2015)第 108314 号

组稿编辑:王路平   电话:0371 – 66022212   E-mail:hhslwlp@ 126. com

出 版 社:黄河水利出版社
      地址:河南省郑州市顺河路黄委会综合楼 14 层   邮政编码:450003
发行单位:黄河水利出版社
      发行部电话:0371 – 66026940、66020550、66028024、66022620(传真)
      E-mail:hhslcbs@ 126. com
承印单位:黄河水利委员会印刷厂
开本:787 mm ×1 092 mm 1/16
印张:22
字数:510 千字   印数:1—1 500
版次:2015 年 9 月第 1 版   印次:2015 年 9 月第 1 次印刷

定价:50.00 元

本书编审委员会

主　编:沈兰康

主　审:冯　旭　杨凌职业技术学院建筑工程学院副教授

　　　王瑞良　陕西建工第七建设集团有限公司总工程师

副主编:贾宏斌　姜良波　朱如军

编写组成员:(按姓氏笔画排列)

　　　孔　航　朱如军　安登海　姜良波

　　　金海霞　倪　勇　秦　稳　黄景儒

审核委员:

　　　冯　旭　杨凌职业技术学院建筑工程学院院长、副教授

　　　李孝悌　陕西建工第七建设集团有限公司副总工程师、高工

　　　刘　洁　杨凌职业技术学院建筑工程学院副院长、副教授

　　　申永康　杨凌职业技术学院建筑工程专业带头人、副教授

前　言

　　本书依托杨凌职业技术学院与陕西建工集团成立的校企合作理事会,以校企双方合作创建的企业学院(陕建建筑学院)为平台,根据校企合作共同开发的高等职业教育建筑工程技术专业人才培养方案要求,通过对国家有关部委最新的规范、标准和同行业的相关资料表格解析,结合工程安全管理工作综合性强、涉及面广、内容繁杂的特点,以按篇分章模式进行设计和编写,属于该学院由企业主导编写的教材。

　　本书涵盖了工程项目在施工过程中安全管理工作的全部内容,对工程项目安全管理具有较强的指导性和实用性,是工程项目安全管理人员必备的工作手册,按其操作,能够及时反映工程项目安全动态管理,真实展现工程项目安全管理水平,不断促进工程项目安全管理规范化、标准化。本书主要由安全管理、文明施工管理、施工现场安全管理、特种设备安全管理等4篇组成。第1篇安全管理包括安全生产责任制、施工组织设计及专项施工方案、安全技术交底、安全检查、职业健康安全教育培训、班前安全活动、特种作业人员管理、工伤事故处理及安全标志、标牌等9章;第2篇文明施工管理包括施工组织与管理、现场围挡及封闭管理、场容场貌(施工场地及材料堆放)管理、施工现场标牌管理、作业条件环境保护(社区服务)管理、现场防火防爆与治安综合治理管理、生活设施管理、保健急救管理等8章;第3篇施工现场安全管理包括脚手架工程、基坑支护、模板工程、高处作业安全防护、物料平台、临时用电、施工机具等7章;第4篇特种设备安全管理包括特种设备管理、塔吊、施工升降机、物料提升机、附着式升降脚手架、高处作业吊篮等6章。

　　本书在编写中,突出针对性、实用性,突出对解决建筑施工安全管理实践问题的能力培养,力求做到特色鲜明、层次分明、条理清晰、结构合理。教材内容组织不仅体现了建筑工程项目施工安全管理过程及现场安全管理的实务技术,而且有机结合了陕西建工集团在工程安全管理方面的大量制度措施,使得教材内容更能接地气。

　　本书编写人员及编写分工如下:陕西建工第七建设集团有限公司姜良波、朱如军编写第1篇,安登海、秦稳编写第2篇,孔航、黄景儒编写第3篇,倪勇、金海霞编写第4篇。本书由陕西建工第七建设集团有限公司沈兰康担任主编,由贾宏斌、姜良波、朱如军担任副主编,由杨凌职业技术学院冯旭、陕西建工第七建设集团有限公司王瑞良担任主审。

　　本书是建筑工程施工项目安全管理工作的指导书,可作为高等职业教育土建类建筑工程技术、工程造价、工程监理、建筑设备工程技术等专业的教学用书,也可作为其他土建类专业学生以及企业技术人员岗位培训的教材。

　　编者在编写过程中,参考和引用了一些资料表格,在此谨向原作者表示衷心的感谢!

　　由于时间仓促,编者水平有限,书中难免存在缺点和疏漏,恳请广大读者批评指正。

编　者

2015 年 6 月

目　录

第2篇 文明施工管理

第3篇 施工现场安全管理

第4篇 特种设备安全管理

第1篇 安全管理

第1章 安全生产责任制

1.1 项目部组织机构

项目经理任命书

（略）

项目部管理人员花名册

工程名称：

序号	姓名	性别	文化程度	职务	职称	身份证号	家庭住址	联系电话	备注

项目部管理人员岗位、安全资格证书复印件

（略）

项目组织机构图

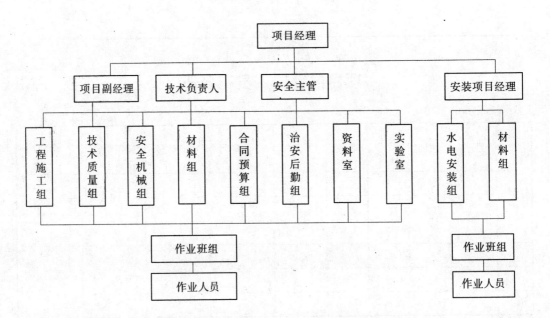

项目安全生产管理网络图

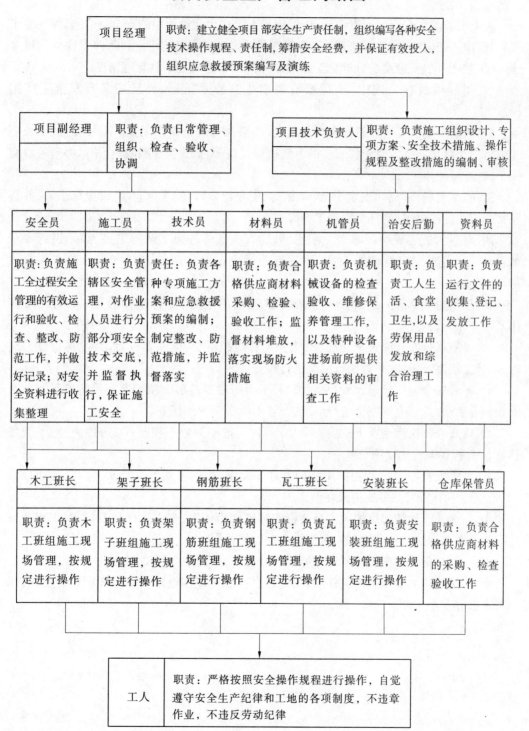

项目经理	职责：建立健全项目部安全生产责任制，组织编写各种安全技术操作规程、责任制，筹措安全经费，并保证有效投入，组织应急救援预案编写及演练

项目副经理	职责：负责日常管理、组织、检查、验收、协调	项目技术负责人	职责：负责施工组织设计、专项方案、安全技术措施、操作规程及整改措施的编制、审核

安全员	施工员	技术员	材料员	机管员	治安后勤	资料员
职责：负责施工全过程安全管理的有效运行和验收、检查、整改、防范工作，并做好记录；对安全资料进行收集整理	职责：负责辖区安全管理，对作业人员进行分部分项安全技术交底，并监督执行，保证施工安全	责任：负责各种专项施工方案和应急救援预案的编制；制定整改、防范措施，并监督落实	职责：负责合格供应商材料采购、检验、验收工作；监督材料堆放，落实现场防火措施	职责：负责机械设备的检查验收、维修保养管理工作，以及特种设备进场前所提供相关资料的审查工作	职责：负责工人生活、食堂卫生，以及劳保用品发放和综合治理工作	职责：负责运行文件的收集、登记、发放工作

木工班长	架子班长	钢筋班长	瓦工班长	安装班长	仓库保管员
职责：负责木工班组施工现场管理，按规定进行操作	职责：负责架子班组施工现场管理，按规定进行操作	职责：负责钢筋班组施工现场管理，按规定进行操作	职责：负责瓦工班组施工现场管理，按规定进行操作	职责：负责安装班组施工现场管理，按规定进行操作	职责：负责合格供应商材料的采购、检查验收工作

工人	职责：严格按照安全操作规程进行操作，自觉遵守安全生产纪律和工地的各项制度，不违章作业，不违反劳动纪律

安全生产管理制度

为了切实落实安全生产责任制,确保施工人员在生产过程中的安全与健康,保证施工顺利进行,依据国家《安全生产法》、《建设工程安全生产管理条例》和陕西省住房和城乡建设厅《关于开展安全质量标准化工作的通知》要求,特制定下列管理制度。

一、工程项目在管理中,不但要有各项生产技术指标,而且还要有安全生产指标。

二、认真贯彻执行企业的安全规章制度,严格执行安全操作规程。项目经理、工长不违章指挥。对现场搭设架子和安装的电气机械设备等,都要组织验收,合格后办理验收交接手续,方可使用。

三、施工现场必须有"安全十条"措施牌、安全纪律牌、安全标志牌、安全标语等,并按照文明工地标准要求,搞好文明施工。

四、对进入施工现场的本企业职工、外聘人员及劳务包工队的工人,必须进行安全教育。凡进行过安全教育的人员,要进行造册登记一式两份,项目部、分包方各执一份。

五、项目外聘人员,必须按企业规定办理招用手续,签订招用合同,否则严禁使用。

六、要重视分部分项安全交底,不能先干后交或不交,交底要有针对性、可行性。同时,办理交接签字手续,并对执行情况进行检查。

七、栋号安全生产日记,必须及时填写,不得滞后或造假。项目部必须坚持每周一次安全例会活动,总结上周安全生产情况,布置本周安全生产任务。

八、认真贯彻执行企业下达的安全生产目标,把事故频率控制在5‰以内,施工现场达标合格率100%,优良率70%。

九、加强安全"三宝"及防护用品的管理和使用,杜绝重大事故的发生。加强"四口"和"五临边"的防护,把事故消灭在萌芽中。

十、以企业下达的建筑施工安全达标实施细则为依据,安全达标为目标,对工程项目进行检查考核,凡达不到要求的,对责任人加以处罚。

十一、建立健全安全管理制度,勤走动、勤检查,找出隐患,及时整改。

十二、必须建立安全生产责任制,明确各自在职责范围内对安全生产所负的责任,尽职尽责搞好安全生产。

项目部安全生产领导小组名单

为了确保　　　　　项目部现场施工规范化、安全生产标准化、质量施工科技化，特成立现场安全生产领导小组，名单如下：

　　组　长：　　（项目经理）

　　副组长：　　（项目生产经理）（项目技术负责人）

　　组　员：　　（安　全　员）

　　　　　　　　（总　工　长）

　　　　　　　　（钢筋工长）

　　　　　　　　（瓦工工长）

　　　　　　　　（木工工长）

　　　　　　　　（架子工长）

　　　　　　　　（机电工长）

　　　　　　　　（材料负责）

　　　　　　　　（机　管　员）

项目部

年　月　日

备注：各项目部根据人员配备情况制定小组名单。

安全管理体系

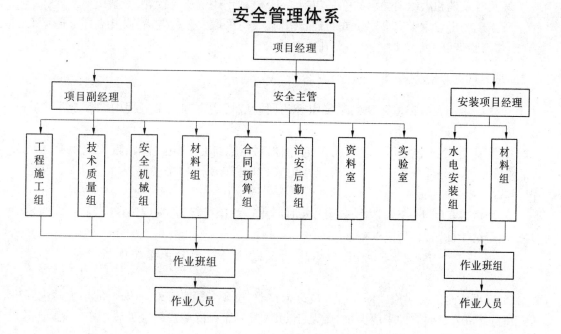

1.2　项目部安全生产值班

＿＿＿＿＿＿＿项目部主要领导(负责人)
施工现场值班带班管理制度

一、目的

根据《国务院关于进一步加强企业安全生产工作的通知》(国发〔2010〕23 号)、住房和城乡建设部《建筑施工企业负责人及项目负责人施工现场带班暂行办法》(建质〔2011〕111 号)和企业相关文件要求,为认真落实项目领导施工现场安全值班带班制度,切实抓好项目部安全生产管理工作、增强领导及施工人员的安全意识,进一步落实安全生产责任制,特制定本制度。

二、适用范围

本制度适用＿＿＿＿＿＿＿项目部工程施工现场,防止过程中出现不安全行为和防止安全事故发生。

三、项目部领导轮流安全值班职责

1. 带班领导要把保证安全生产作为第一位的责任,全面掌握当班安全生产状况,加强对重点部位、关键环节、危险源点的检查,并指导现场人员安全作业。

2. 及时发现和组织消除事故隐患与险情,及时制止违章违规行为,严禁违章指挥。

3. 当现场出现重大安全隐患或遇到险情时,及时采取紧急处置措施,并立即下达停工令,组织涉险区域人员及时有序撤离到安全地带。

四、现场带班安全生产工作内容

1. 现场带班人员在掌握现场施工内容的同时应切实掌握施工过程中的安全生产状况,并做好相关记录。

2. 认真落实安全生产管理相关规定,加强对重点部位、关键环节、重大危险源以及《危险性较大的分部分项工程安全管理办法》(建质〔2009〕87)中规定内容进行检查和巡视,并做好相关记录。

3. 严格落实制止"三违"相关规定,及时制止违章违纪行为,发现违章问题,立即纠错并按规定给予处罚,严禁违章指挥。

4. 解决生产中的突发问题,组织协调工程项目各个分包单位的安全质量生产活动。

5. 发现安全隐患时应立即安排人员进行整改,发现危及职工生命安全的重大险情和隐患时,带班人员要立即采取停工、撤人、组织人员制定排除隐患紧急处置措施,并督促整改落实及时消除险情和隐患。

6. 发生事故时必须立即启动安全生产事故应急预案,并组织人员抢险救援,同时应按照生产安全事故的报告和调查处理相关规定向上级报告事故情况。

7. 带班领导必须每日认真填写施工现场带班生产工作记录并签字存档。带班生产工作记录应包括以下几个方面的内容并签字确认:当日的施工生产工作内容、安全防范重点部位和措施、巡查记录(检查出的问题和处理方法)、整改落实情况(先前带班发现的问题整改情况,形成检查闭环)、特殊情况(突发事件及协调处理情况)、交接班记录(交代接班人相关工作重点)。

五、项目部领导施工现场带班交接班制度

带班领导应当向接班的领导详细告知当前施工现场安全存在的问题、需要注意的事项等,并认真填写交接班记录。

六、项目部领导施工现场带班生产档案管理制度

项目部领导施工现场带班生产工作记录由当班领导填写,交项目安全员每月负责整理,并存档备查。

七、相关要求

1. 现场带班人员要高度重视,认真履行带班职责,严格执行现场带班人员的规定,深入现场靠前指挥,切实把安全生产工作的各项任务落到实处。

2. 项目负责人每月带班时间不得少于施工时间的80%,若有特殊情况需离开现场时必须向建设单位请假,并安排人员替班。

3. 现场带班人员要认真记录检查存在的问题,交接班时双方签字必须齐全。

4. 现场带班人员在巡查中所发现的违章行为,应对责任人进行处罚。

5. 进一步严格执行领导现场带班制度,把主要精力用在安全生产上,切实深入一线真抓实干,为员工创造良好的安全生产环境。

八、考核规定

1. 现场带班人员未按规定执行的,每次扣罚责任人50元。

2. 现场带班人员请假后,未及时安排人员造成空岗的,每次扣罚责任人50元。

3. 对限期整改的隐患问题未及时复查验收的,每次扣罚责任人50元;因防控措施或整改措施制定不合理造成后果的,视情节给予责任人不低于100元的处罚。

4. 由项目_____负责对带班执行情况进行监督考核。

安全值班制度

为了加强项目安全生产管理,切实做到安全生产"天天有人抓,处处有人管,隐患有整改,措施有落实",保证安全生产顺利进行,现根据项目安全生产管理工作需要,实行项目安全值班制,并制定下列制度:

一、值班人员职责:在值班负责人带领下,对现场施工人员有针对性地进行安全生产法律法规和安全知识的宣传。对现场安全管理行使监督、督促整改的权利。

二、值班人员:按项目安全管理领导小组成员依次排序(值班表),轮流值班,每班必须有项目负责人带班值班。

三、值班时间:根据施工进度和施工特点,坚持每天24小时值班。中午和晚上下班,在最后一个操作工撤离施工现场后,经认真检查,确认没有安全隐患后,方可离去。

四、值班监督内容及对事故处理

1. 加强对重点部位、关键环节、危险源点监控,根据《建筑施工安全检查标准》(JGJ 59—2011)监督检查。

2. 发现一般安全隐患,督促立即整改完善;发现重大事故隐患,及时会同技术、安全等部门尽快制定整改措施,定时、定人,监督整改到位,彻底消除事故隐患,并负责验收,做好记录。

3. 发现有危害人身生命安全和财产安全的紧急险情,有权决定暂停施工并向上级报告,提出整改与处理意见,有必要时可启动应急救援预案。

4. 发生伤亡事故,应及时上报,并尽快组织施救,保护好事故现场,配合有关部门对事故进行调查。

5. 交接班:交接班时,要认真填写好交接班记录,将本班所做工作、已处理问题和下一班应注意的事项、急需解决的问题交代清楚。

五、值班纪律:值班人员轮到自己值班,不能无故离职,更不能半途擅离职守;确有其他原因不能值班者,必须经值班负责人同意,并提交书面委托相关人员代替,不能脱节或无人值班,否则发生事故,作为责任人按规定处理。

项目部安全生产值班表

日期	带班领导	值班人

注意事项：

1. 值班人员对当天的安全生产负第一责任。

2. 负责安全检查，督促人员遵守安全纪律，记录、处理有关安全生产的一切问题，做好值班记录。

3. 在周例会上值班领导须将本期存在的问题提出，并对下期安全生产提出具体要求。

施工现场安全值班工作记录

工程项目：

日期	年　月　日		天气情况	
施工生产 内容概要				
安全防范 重点及措施				
巡查情况 （问题和 处理方法）				
整改落实 情况记录				
特殊情况 （突发事件 及协调处理）				
交接班 记　录	接班人：			
值班人			职务	

1.3　安全生产责任制

安全生产责任制

第一章　总　则

第一条　为了贯彻"安全第一、预防为主、综合治理"的方针,明确和落实安全生产责任,保障职工劳动安全,防止职业危害,促进企业的发展和稳定,依照《中华人民共和国安全生产法》、《建设工程安全生产管理条例》、《陕西省关于强化安全生产责任制的实施意见》、国家有关法律法规的规定和企业的制度和规定,按照"谁主管,谁负责"的原则,制定本责任制。

第二章　企业领导安全生产职责

第二条　企业法定代表人安全生产职责:

(一)企业法定代表人为企业安全生产第一责任人,对企业安全生产工作全面负责;

(二)建立健全本企业安全生产责任制;

(三)组织制定本企业安全生产规章制度和操作规程;

(四)保证本企业安全生产投入的有效实施;

(五)督促、检查本企业的安全生产工作,及时消除生产安全事故隐患;

(六)组织制订并实施本企业的生产安全事故应急救援预案;

(七)及时、如实报告生产安全事故。

第三条　企业总经理安全生产职责:

(一)贯彻执行国家和上级主管部门有关劳动保护和安全生产的政策、法律法规及制度;

(二)确保建立、实施和保持有效的企业安全生产管理体系,听取安全生产工作汇报,组织实施安全生产工作的重大奖惩;

(三)负责建立并落实全员安全生产责任制,建立和实施安全生产奖惩制度及其他安全生产规章制度,批准重大安全技术措施;

(四)制定和保持企业安全生产目标;

(五)确保安全生产的必要费用,完备安全技术措施,不断改善劳动条件;

(六)主持定期召开企业安委会会议,研究决定安全生产中的重大问题;

(七)负责对副总经理和基层单位正职安全生产责任制考核;

(八)协助上级相关部门组织对生产安全事故(包括重大机械、火灾、交通事故)的调查处理,组织落实事故处理"四不放过"原则。

第四条　企业主管生产副总经理安全生产职责:

(一)按照管生产必须管安全、谁主管谁负责的原则,对企业的安全生产负主要责任,对安全、生产系统的安全工作负责;

（二）组织制定、修订和审批安全生产规章制度,安全技术规程及安全技术措施计划,并组织实施;

（三）组织制定、修订和审批机械设备安全管理规章制度,机械设备安全技术规程,并组织实施;

（四）组织制订材料采购、运输、保管,以及危险化学品管理和氧气、乙炔等易燃易爆压力容器的安全管理规章制度,并监督检查执行情况;

（五）组织制定劳动保护用品的发放标准,审批劳保用品的采购、保管、使用等管理制度;

（六）组织制定施工组织设计（方案）编制、审批制度;

（七）主管安全培训、教育和考核工作;

（八）组织制定、修订和审批劳动力管理,特种作业人员及女工保护等方面的安全管理规定;

（九）严格执行国家和上级主管部门有关安全生产的方针、政策、法令、法规和制度,监督检查分管的各职能部门安全生产职责的履行和各项安全生产规章制度的执行情况;

（十）组织安全生产大检查,落实重大事故隐患的整改;

（十一）组织召开安全生产工作会议,分析安全生产动态,向总经理报告安全生产情况,及时解决安全生产中存在的问题;

（十二）组织对重伤和一般设备、火灾、交通事故的调查处理;

（十三）组织开展安全生产竞赛活动,总结推广安全生产工作的先进经验,奖励先进单位和个人。

第五条　企业主管经营副总经理安全生产职责:

（一）按照谁主管谁负责的原则,对经营系统的安全工作负责;

（二）组织经营部门制定对分包单位资质的管理规定;

（三）对建筑工程承包合同和建筑施工分包合同中的安全内容负责。

第六条　企业主管行政、卫生、保卫工作领导安全生产职责:

（一）按照谁主管谁负责的原则,对企业的行政、后勤、基建、职业病防治和消防工作负责;

（二）组织制订审批行政、基建系统、职业卫生、职业病防治以及消防安全管理制度,建立职工健康档案;

（三）组织对后勤、生活、卫生、消防等安全大检查,落实隐患的整改,杜绝垮塌、火灾、触电、中毒等事故发生;

（四）负责对新建工程执行"三同时"规定,组织有关部门进行"三同时"审查验收,并落实整改措施,因涉及施工问题造成事故,负责追究有关人员的责任。

第七条　企业总工程师安全生产职责:

（一）按照谁主管谁负责的原则,在技术上对企业安全生产工作全面负责;

（二）组织编制审批施工组织设计、施工方案的同时编制审批安全技术措施;

（三）审查安全技术规程、操作规程和安全技术措施项目,保证技术上切实可行;

（四）负责组织制订生产岗位尘毒等有害物质的治理方案、规划,使之达到国家卫生标准;

（五）积极采用安全生产先进技术和安全防护装置，负责组织对重要安全设施的技术鉴定，以及落实重大事故隐患整改方案；

（六）参加因工伤亡事故、急性中毒、重大机械设备事故的调查，组织技术力量对事故进行技术原因分析、鉴定，提出技术上改进措施；

（七）副总工程师根据业务分工，承担相应的安全生产责任。

第八条　企业总会计师安全生产职责：

（一）执行国家关于安全技术措施经费提取使用的有关规定，切实保证对安全生产资金投入，保证安全技术措施和隐患整改项目费用到位；

（二）组织制定安全生产费用的提取、使用制度，并监督检查执行情况；

（三）把安全管理纳入经济责任制，分析企业安全生产经济效益，支持开展安全生产竞赛活动；

（四）审查安全技术措施计划，并检查执行情况。

第九条　企业党委书记安全生产职责：

（一）认真贯彻执行党和国家的安全生产方针、政策、法令、规定，党委在研究决定企业生产重大问题时应有安全生产的内容，同时要把安全生产作为精神文明建设的重要考核依据；

（二）负责抓好安全生产宣传、教育和思想工作，教育党员干部以身作则，提高对安全生产与稳定的认识，树立"安全第一"的思想；

（三）组织开展党员身边无事故活动，把安全生产纳入先进党支部、优秀党员的评比竞赛活动，并把安全生产工作作为支部工作和各级党员干部的考核内容；

（四）参加企业安全生产委员会例会，落实对事故有关责任党员干部的处理意见；

（五）督促党政办公室、工会等部门认真履行其相关的安全生产职责，积极组织和协调有关部门开展各种安全生产活动；

（六）党委副书记根据业务分工，承担相应的安全生产责任。

第十条　企业工会主席安全生产职责：

（一）依据工会监督条例，组织各级工会监督企业贯彻执行职业健康、安全生产方针、政策和法令；

（二）组织工会按照"建筑施工安全工会检查标准"，检查劳动保护设施，督促相关部门及时解决职业安全卫生方面存在的问题，监督、检查安全生产规章制度的执行情况；

（三）组织开展企业"安全生产劳动竞赛"、"百日安全无事故"以及群众性普及安全生产知识竞赛活动；

（四）参加伤亡事故的调查处理。

第三章　企业各职能部门安全生产职责

第十一条　企业安全生产委员会安全生产职责：

（一）认真贯彻执行国家有关职业健康安全的方针、政策和上级精神，依法统筹、研究、协调企业安全生产工作的重大问题，领导企业全局性的安全生产工作；

（二）督促、检查各部门、各基层单位对安全生产规定、制度和决议的执行情况，以及对上级精神的贯彻落实情况；

（三）按照上级要求和企业的生产实际组织开展各项安全活动，组织开展安全生产大检查；

（四）按照"四不放过"的原则，提出或决定对事故责任人的处理意见；

（五）支持和鼓励职工在改善劳动条件方面的合理化建议，总结和推广先进经验、表彰在安全生产工作方面取得成绩的单位和个人；

（六）每季度召开一次由党政工团参加的工作例会，遇到重大问题由安委会主任决定随时召开。

第十二条 安全管理部安全生产职责：

（一）在上级和企业的领导下，积极宣传、贯彻、执行国家和上级有关安全生产的方针、政策、法令、规程及制度，并监督检查执行情况；

（二）在企业安全生产委员会的领导下，监督、检查、协调各业务部门和基层单位各项安全生产工作的开展情况，负责安委会日常工作，协助企业总经理组织召开安委会；

（三）负责日常安全管理工作，编制年度安全生产目标管理计划，监督各基层单位安全生产目标的落实；

（四）协助领导组织定期和不定期安全检查，对事故隐患及时督促有关部门解决，如遇紧急情况和重大事故隐患，可指令先行停产并立即报告领导研究处理；

（五）参加施工组织设计和大型施工方案的会审，监督检查施工组织设计和施工方案中的安全技术措施落实情况，以及安全技术交底的执行情况；

（六）参与制定和修订安全生产管理制度和安全技术操作规程，并会同有关部门对相应的制度、规程、标准的执行情况进行监督检查；

（七）根据国家规定，制定个人劳动保护用品、保健食品、防暑降温用品的发放标准，并监督检查发放情况；

（八）落实预防职业病和职业中毒措施；

（九）负责对企业专兼职安全员的业务管理，定期组织业务培训和工作交流，指导安全员的业务工作；

（十）与企业工会、党政办公室等部门共同组织开展"安全生产月"、"百日安全无事故"以及群众性的安全知识竞赛活动；

（十一）负责因工伤亡事故的管理，建立健全事故管理档案，做好安全生产统计和资料的收集汇总，按时上报各类报表；

（十二）参加重伤以上因工伤亡事故的调查处理，负责因工发生的重大道路交通事故的处理，参与重大机械、火灾、急性中毒事故的调查处理，组织制定可能发生的伤亡事故应急救援预案；

（十三）负责企业"安全生产许可证"的年审换证工作；

（十四）审查各基层单位及项目部编制的施工组织设计、危险性较大的分部分项工程施工方案；

（十五）负责文明施工管理工作；

（十六）按照机械设备的大、中修理和维修保养规定，审批和验收大修理设备，监督检

查维修保养计划的执行情况,确保机械设备安全运转;

（十七）负责机械设备的安全管理,确保机械设备各种安全装置齐全、有效,监督起重机械、机动车辆等特危设备的注册、准用、检审验、报废等相关手续;

（十八）负责按照特种设备监察条例第二十六条的规定,监督、检查机械设备安全技术档案、特种设备安装资格证的年审、换证工作;

（十九）参与安全检查中机械设备的安全检查;

（二十）安全管理部部长全面负责本部门工作,对本部门的安全生产工作负领导责任,副部长及其他成员对分管的业务负责,并承担相应的安全责任。

第十三条　生产管理部安全生产职责:

（一）认真贯彻执行国家有关安全生产的方针、政策、法令、制度及标准、规程和企业的各项安全生产管理制度;

（二）按照"管生产必须管安全"的原则,在计划、布置、检查、总结、评比生产时,同时计划、布置、检查、总结、评比安全生产工作,将安全生产贯穿到施工生产的全过程;

（三）对安全技术措施计划,应列入生产计划,并组织实施;

（四）参加安委会组织的各种安全生产活动,参加安全生产大检查,对查出的问题积极组织督促整改;

（五）参加重大伤亡、火灾、机械事故的调查分析处理,提出预防措施;

（六）生产管理部部长全面负责管理本部门工作,对本部门的安全生产工作负领导责任,副部长及其他成员对分管的业务工作负责,并承担相应的安全责任。

第十四条　材料管理部安全生产职责:

（一）负责监督劳动保护用品的计划、采购、保管、发放、建账、回收、维修等工作,并做好汇总统计向有关部门提供相关数据;

（二）负责检查监督"安全帽"、"安全带"、"安全网"等防护用品的合格证和鉴定证书,发现不符合质量标准的产品,立即清退,并追究采购人员及有关人员的责任;

（三）对现场危险化学品、易燃易爆品、气瓶的采购、运输、保管、发放的安全负责,并有交接记录;

（四）参加生产、安全检查,组织材料管理方面的专项检查,对库房、料具管理中存在的问题,应组织有关人员整改解决;

（五）参与制定可能发生的危险化学品、易燃易爆事故应急救援预案;

（六）材料管理部部长全面负责管理本部门工作,对本部门的安全生产工作负领导责任,副部长及其他成员对分管的业务工作负责,承担相应的安全责任。

第十五条　科技质量部安全生产职责:

（一）认真贯彻执行国家有关安全生产方针、政策、法律、法规、标准及建筑施工技术规程;

（二）协助总工编制本企业标准、工艺规程时应具备可行的安全技术措施;

（三）采用推广新工艺、新技术、新材料、新设备时应制定相应的安全技术措施并监督技术措施的落实,同时组织对相关人员进行专门的安全生产教育培训或交底;

（四）参与对高大脚手架、特殊脚手架、大型技术复杂的模板工程的操作人员进行技

术训练,参与此类工程施工方案的审核和工程的验收;

(五)参加重大质量安全事故、重大伤亡事故的调查处理,组织专业人员对事故进行质量、技术方面的原因分析、鉴定,提出改进措施;

(六)编制、审查技术规程、技术措施计划和参与编制施工组织设计,审查施工方案时应审查相应的安全技术措施;

(七)组织职工开展技术学习时,应将安全技术列入重要内容;

(八)参加安全生产大检查,对查出的有关质量、技术方面的问题,负责督促解决;

(九)科技质量部部长全面负责本部门工作,对本部门的安全生产工作负领导责任,副部长及其他成员对分管的业务负责并承担相应的安全生产责任。

第十六条 离退休办安全管理职责:

(一)负责做好职业病防治、预防职业中毒工作,督促有关部门采取措施预防尘毒危害,组织制定可能发生的职业中毒事故应急救援预案;

(二)对职工进行职业卫生宣传教育,负责建立职工职业健康档案;

(三)组织对新工和从事有毒、有害以及特种作业人员的体检,对职工进行定期体检和健康普查;

(四)组织职业卫生检查,做好卫生防疫工作,与工会共同做好女工保护工作;

(五)参加伤亡事故的调查,组织急性中毒事故调查以及工伤治疗后的医疗终结和鉴定工作;

(六)离退休办主任全面负责本部门工作,对本部门的安全工作负领导责任,各科员对分管的业务工作负责,承担相应的安全责任。

第十七条 保卫部安全生产职责:

(一)负责防火、防爆、防盗、防破坏和治安保卫工作中的安全管理;

(二)建立健全消防安全组织,制定与完善防火、防爆管理制度,开展消防安全教育,组织制订可能发生的事故应急救援预案,组织义务消防队;

(三)监督、检查消防器材的配备情况,对重点防火部位要组织经常性的检查,对查出的隐患要限期整改;

(四)组织防火检查,参加安全生产检查;

(五)组织火灾事故的调查处理,参加重大伤亡事故的调查处理;

(六)保卫部部长全面负责本部门工作,对本部门的安全工作负领导责任,各科员对分管的业务工作负责,承担相应的安全责任。

第十八条 物业公司安全生产职责:

(一)负责生活、后勤、建筑物基建维修工作以及家属区、幼儿园等生活附属设施和租赁房屋的安全管理;

(二)参加文明施工、卫生检查,负责创建文明工地中办公环境、食堂、厕所、宿舍等生活设施的安全管理;

(三)预防食物中毒,做好炊事机具、取暖设备及库房、办公、生活用电和消防安全管理;

(四)组织相关部门对新建、改建、扩建工程的"三同时"验收;

(五)物业公司经理全面负责本部门工作,对本部门的安全工作负领导责任,各科员对分管的业务工作负责,并承担相应的安全责任。

第十九条 　人力资源管理部安全生产职责:

(一)认真贯彻执行劳动、安全生产的方针、政策、法令、制度和上级精神以及企业的相关规定;

(二)组织签订各类用工劳动合同时必须符合《劳动法》、《劳动合同法》及相关地方法规的要求,明确双方在劳动安全卫生方面的责任;

(三)根据各单位和职工特点合理进行人员调配,配备特种作业人员和关键重点岗位、设备的操作人员要符合相关的规定,负责实施女职工的特殊劳动保护工作,负责特种作业人员的上岗、培训、取证、复审工作;

(四)负责劳务人员的管理,监督检查各基层单位劳务用工情况及合同签订和履行情况;

(五)负责劳动鉴定委员会的日常工作,组织研究工伤评残与医疗终结鉴定等有关工作,与相关部门共同做好工伤人员的管理工作;

(六)负责工伤保险和人身意外伤害保险工作;

(七)在考察和选拔干部时须考核近期安全生产管理工作;

(八)负责按国家规定比例配备安全员,并会同安全部门对安全管理人员的各项素质进行动态管理与考核;

(九)制定职工教育培训计划时应将各类安全人员列入教育培训计划,并组织实施;

(十)进行各类专业人员上岗培训时,应有安全生产的内容;

(十一)人力资源管理部部长全面负责本部门工作,对本部门的安全工作负领导责任,副部长及其他成员对分管的业务工作负责,承担相应的安全责任。

第二十条 　党政办公室安全生产职责:

(一)积极宣传党和国家有关安全生产的方针、政策、法令和企业的各项安全生产规章制度,组织开展安全生产宣传教育活动;

(二)将安全生产列入精神文明建设重要内容,评选文明单位时,必须考核安全生产工作,并实行安全生产一票否决;

(三)加强团员、青年的安全生产思想教育,组织青工学习有关安全生产的法律、法规、规程和制度,不断增强青工的安全意识;

(四)组织青工开展安全生产知识竞赛和岗位安全技术练兵活动;

(五)抓好青年安全监督岗工作,在团员青年中开展"三无"(无违章、无违纪、无事故)活动;

(六)组织团委和基层团支部积极参加由宣传、工会、保卫、安全等部门开展的安全活动。

第二十一条 　工会安全生产职责:

(一)认真贯彻执行党和国家有关安全生产、劳动保护的方针、政策和规定;

(二)按照工会监督条例行使劳动保护群众监督权,依据"建筑施工安全工会检查标准"进行检查,对存在的问题向有关领导提出建议或限期整改;

(三)做好女工劳动保护工作;

(四)负责职工安全生产知识普及教育工作,组织开展安全生产知识竞赛、"达标"竞赛、"百日安全无事故"等活动。

第四章　基层单位和各级管理人员安全生产职责（针对三级管理企业）

第二十二条　公司安全生产职责：

（一）积极宣传、贯彻、执行党和国家有关安全生产的方针、政策、法令、标准、规范和企业的各项安全生产管理制度；

（二）按照"分级管理"的原则，成立本单位的安全生产领导小组，全面领导本单位的安全生产工作，每月召开一次工作例会；

（三）按规定配备专（兼）职安全员，在安全机构的领导下，负责日常安全管理工作；

（四）负责考核项目部安全责任目标和劳务（任务）承包中的安全指标；

（五）每月由领导组织并参加进行一次全面的安全生产大检查；

（六）结合本单位实际制定具体的管理办法细则，并根据机构设置情况制定各岗位的安全生产职责；

（七）坚持开展各项安全生产管理工作，加强基础安全管理，认真做好统计报表和各项综合资料的收集、分类、报送、归档；

（八）严格执行因工伤亡事故报告制度，对已发生的因工伤亡事故按照"四不放过"的原则进行处理；

（九）积极开展"安全生产月"、"百日安全"、"安全知识竞赛"、"安全达标"等各项安全活动。

第二十三条　经理安全生产职责：

（一）经理是本单位的行政一把手，也是本单位的安全生产第一责任人，对本单位的安全生产工作负全面责任；

（二）严格执行国家和上级有关安全生产的方针、政策、法令、法规以及企业的各项安全生产管理制度，组织制定安全生产管理工作细则和安全生产责任制，并督促检查执行情况；

（三）加强安全生产工作，主持召开安全生产领导小组会议（每月一次），研究解决安全生产中的问题；

（四）检查项目经理安全生产责任目标的落实情况，并按规定奖罚；

（五）定期考核副职和项目经理安全生产责任制的落实情况；

（六）按规定要求选配专兼职安全员；

（七）发生重伤以上事故，除立即向企业领导报告外，应组织抢救伤员、保护现场，采取措施防止事故扩大，组织对轻伤事故调查分析、处理。

第二十四条　主管生产副经理安全生产职责：

（一）对本单位的安全生产工作负直接领导责任，定期向经理汇报安全生产工作；

（二）认真贯彻执行国家和上级有关安全生产的方针、政策、法令、法规，结合生产实际落实企业的各项安全生产管理制度；

（三）坚持计划、布置、检查、总结、评比生产的同时，计划、布置、检查、总结、评比安全工作，定期召开安全生产工作会议，布置工作，落实措施；

(四)负责安全教育和培训工作;

(五)组织参加每月安全生产大检查,落实隐患整改措施,发现重大隐患不能保证安全生产时有权决定暂缓施工;

(六)检查、监督施工组织设计、施工方案中的安全技术措施的落实;

(七)组织开展各项安全生产竞赛活动,总结推广安全生产工作中的先进经验;

(八)对发生的伤亡事故要采取措施,组织抢救、保护现场,参加调查、分析,提出改进措施和对责任人的处理意见。

第二十五条 主任工程师安全生产职责:

(一)在技术上对本单位的安全生产全面负责;

(二)认真执行安全生产的方针、政策、法令、规定和安全技术标准、规范;

(三)在编制或审批施工组织设计、施工方案及采用新技术、新材料、新工艺、新设备时必须制定相应的安全技术措施;

(四)检查、督促施工现场各项安全技术措施的落实;

(五)参加伤亡事故的调查分析,提出或制定改进措施。

第二十六条 项目部经理的安全生产职责:

(一)项目经理是项目部安全生产的第一责任人,对项目部的安全生产全面负责;

(二)认真贯彻执行国家有关安全生产的方针、政策、法令、法规和企业的各项安全生产管理制度;

(三)每月召开一次安全生产专题会议,贯彻上级精神,研究解决安全生产中的突出问题;

(四)按照有关规定提取安全技术措施经费,不断改善劳动条件和工作环境;

(五)按规定配备安全管理人员,积极支持安全员开展工作;

(六)参加生产性事故的调查处理;

(七)负责对项目副经理、主任工程师安全生产责任制的考核。

第二十七条 项目主管生产(安全)副经理安全生产职责:

(一)对本项目的安全生产负直接领导责任;

(二)认真执行国家的安全生产方针、政策、法令、法规、规程、标准及企业的各项安全生产管理制度,结合项目实际制定相应的措施,并检查落实;

(三)参与项目专项施工方案及其安全技术措施的编制,根据项目"达标创优"的总体要求,主持制定和审批项目安全生产管理方案的实施细则,并负责组织各专业工长实施;

(四)负责安全教育和培训工作;

(五)主持召开定期或不定期安全工作例会,解决安全生产中的实际问题,积极组织开展各项安全活动;

(六)负责对项目生产管理人员的安全生产责任制的考核;

(七)组织参加每周一次的安全生产检查,及时纠正"三违",消除事故隐患;

(八)组织有关部门对物料提升机、塔吊、施工电梯、各类作业平台、卸料平台、脚手架(附着式、外挂式等)、模板工程、基坑、边坡等施工方案的执行情况进行验收;

(九)组织一般性事故的调查、分析,按照"四不放过"原则,提出处理意见,制定防范措施。

第二十八条　项目主任工程师安全生产职责：

（一）认真执行国家安全生产方针、政策、法律、法规和安全技术标准、规范及企业的各项安全生产管理制度；

（二）对项目施工的安全技术工作全面负责；

（三）参与编制专项施工方案，参加脚手架、深基坑支护、大型模板、卸料平台等工程的验收；

（四）负责落实新工艺、新技术、新材料、新设备的安全教育和措施的落实；

（五）参加生产性事故的调查、分析，提出相应的技术措施。

第二十九条　劳务公司经理、机械施工队队长的安全生产职责与项目经理的安全生产职责相同。

第三十条　工长（施工员）安全生产职责：

（一）坚持管生产必须管安全的原则，全面负责辖属区域的安全生产工作；

（二）认真执行安全生产的标准、规程、制度。实施施工组织设计或方案中的安全技术措施；

（三）根据施工生产任务状况，对施工作业班组及作业队进行书面的分部分项安全技术交底，并检查、监督执行情况；

（四）参加施工现场的架子工程、物料提升机等特种设备、施工用电、基坑支护、模板等工程的验收；

（五）坚持生产必须安全，不违章指挥，及时消除生产过程中的不安全因素和事故隐患；

（六）一旦发生事故，立即上报，并组织抢救，保护好现场，参加事故的调查处理。

第三十一条　安全管理人员安全生产职责：

（一）认真贯彻执行党和国家安全生产的方针、政策、法律、法规、标准、规范及企业的有关规定，负责安全生产的管理、监督检查工作；

（二）公司、项目部（劳务公司、机械作业队、租赁站）及班组安全员分别做好新进场职工的三级安全教育和变岗人员的安全教育和考核；

（三）参与编制施工组织设计或施工方案，并检查、监督安全技术措施的落实情况，检查安全技术交底的执行情况；

（四）组织开展安全活动，参加安全生产大检查和安全生产工作会议，落实隐患整改措施，检查整改结果；

（五）经常深入基层指导下级安全员的工作，及时全面掌握安全生产情况，提出改进意见和措施；

（六）对严重的违章指挥、违章作业或遇有重大事故隐患和险情时，有权暂时停止施工、进行经济处罚，或及时报告领导处理；

（七）参加脚手架、物料提升机、塔吊、施工电梯、施工用电、基坑支护等工程的验收；

（八）按照上级要求修订和完善安全生产管理制度，并监督检查执行情况；

（九）协助领导组织和参加工伤事故调查处理，进行工伤事故的统计和报告，组织工伤鉴定；

（十）按照国家有关规定负责监督、检查劳动保护用品的发放、使用；

（十一）负责安全生产基础管理资料的汇总、上报、建档工作。

第三十二条　其他管理人员安全生产职责：

（一）基层单位的党、团、工会组织的安全职责与第三章企业各职能部门安全生产职责中党、团、工会组织的安全职责相同；

（二）本章节未涉及的管理人员按其业务范围应分别承担与企业业务相同职能部门的安全生产责任。

第五章　生产班组（作业队）工人安全生产职责

第三十三条　班组（作业队）长安全生产职责：

（一）对本班组（作业队）安全生产负全面责任，遵守安全操作规程和安全生产管理制度，严格执行安全技术交底，并向作业人员详细讲解；

（二）积极开展班前安全活动，做好安全活动记录，组织新工进场安全教育，经常组织学习安全技术规程和安全生产知识，督促检查正确佩戴和使用劳动保护用品；

（三）根据本组（队）职工技术水平、思想状况、体力强弱，合理分配任务，对违章冒险作业人员，经教育无效有权停工，并及时报告施工负责人；

（四）经常检查作业现场安全生产情况，发现问题及时解决，隐患不排除，不得安排工人作业；

（五）有权拒绝违章指挥和强令冒险作业；

（六）支持班组安全员的工作，虚心听取工会小组劳动保护监督员和青年监督岗等有关人员对本班安全生产方面的建议、意见。

第三十四条　安全员安全生产职责：

（一）在班组（作业队）长的领导下，积极开展安全工作，模范遵守安全生产规程、规定和制度，自觉接受专职安全员的指导；

（二）协助班组（队）长做好新工人的安全教育，组织学习安全生产知识和参加各项安全活动；

（三）管理好本班组（队）的安全设施及用品，督促、检查本区域作业环境、工具、机械、设施是否符合安全要求，以及防护用品的使用情况；

（四）及时反映本班组（队）的安全生产情况和职工的要求，有权制止违章作业，拒绝违章指挥；

（五）发生事故后应保护好现场，及时向领导报告，积极配合调查组进行调查处理。

第三十五条　工人安全生产职责：

（一）树立"安全第一"的思想，积极参加各项安全活动，认真学习，自觉接受安全教育和培训，不断增强安全意识，关心同志，做到不伤害他人，不伤害自己，不被他人伤害；

（二）遵守安全技术操作规程、安全管理制度和劳动纪律，服从管理，不违章作业，随时检查本岗位的环境设施和使用的工具等，做到安全文明施工；

（三）正确使用和佩戴劳动防护用品，爱护安全防护设施和劳动防护用品；

（四）对交底不清、防护设施不到位，不能保障安全生产的应积极提出意见或建议，并有权拒绝违章指挥和强令冒险作业；

（五）发生工伤事故，应立即抢救伤者，保护现场，迅速向有关人员报告，并如实向调查组提供有关情况。

第六章 安全生产管理目标

第三十六条 安全生产管理总体目标：

杜绝死亡、重大机械设备、火灾、中毒、重大交通事故等重大事故发生；杜绝中度伤害以上的职业病发生，预防其他职业病发生；事故频率控制在5‰以内；重伤事故频率控制在0.4‰以内。施工现场安全达标率100%，优良率70%以上。

第三十七条 为确保安全管理目标的实现，各基层单位事故频率控制在5‰以内，不发生重伤以上事故及重大机械、火灾、负主要责任的交通安全事故。

第三十八条 土建公司施工现场安全达标合格率必须达到100%，优良率70%以上。

第三十九条 各基层单位必须与各项目部（劳务分公司、机械作业队）签订安全生产目标责任书及制定相应的考核办法。

第四十条 企业安全管理部为伤亡事故、交通事故、机械设备事故控制目标的管理部门。保卫部为火灾事故控制目标的管理部门。离退休办为职业病、急性中毒控制目标的管理部门。其他职能部门的安全生产责任与上述目标控制部门相关联的为相关控制目标管理部门。

第四十一条 安全生产管理责任目标的考核按照"安全生产责任制考核办法"与安全生产责任制的考核同时进行。

第七章 附 则

第四十二条 本制度为安全生产责任追究依据，如与上级规定抵触，以上级规定为准。

第四十三条 各基层单位可结合本单位实际，依据本责任制制定相应的安全生产责任制。

1.4 项目部安全生产管理目标

项目部安全生产管理目标

杜绝死亡、重大机械设备、火灾、中毒、重大交通事故等重大事故发生；杜绝中度伤害以上的职业病发生、预防其他职业病发生；事故频率控制在 以内；重伤事故频率控制在 以内。施工现场安全达标率100%，优良率 %。

1.5 项目部安全生产责任目标分解

项目部安全生产责任目标分解

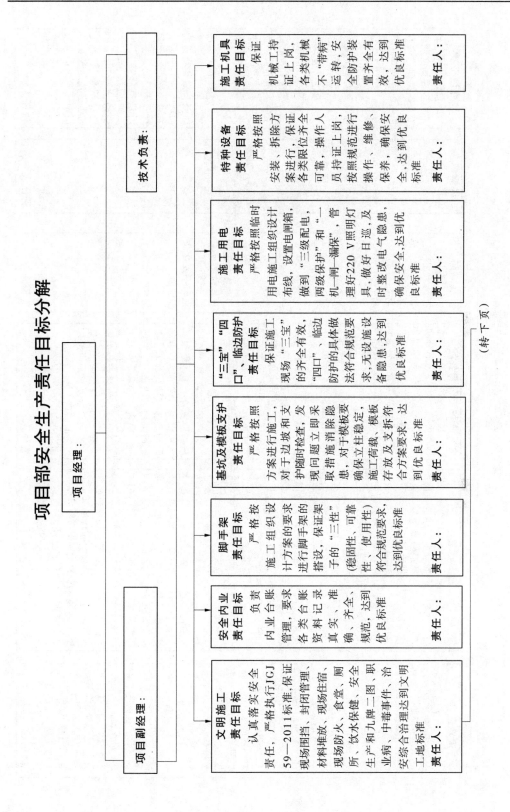

项目经理：

技术负责：

项目副经理：

文明施工责任目标

认真落实安全责任，严格执行JGJ 59—2011标准，保证现场围挡、封闭管理，现场住宿、材料堆放，现场防火、食堂、厕所、饮水保健，安全生产和九牌二图、职业病、中毒事件、治安综合治理达到文明工地标准

责任人：

安全内业责任目标

负责内业台账管理、要求各类台账记录、资料准确、齐全、真实、规范、达到优良标准

责任人：

脚手架责任目标

严格按施工组织设计方案的要求进行脚手架的搭设、保证架子的"三性"(稳固性、可靠性、使用性)符合规范要求、达到优良标准

责任人：

基坑及模板支护责任目标

严格按照方案进行施工，对于边坡和支护随时检查，发现问题立即采取施工措施消除隐患，对于模板立柱稳定，施工荷载，模板存放及支拆符合方案要求，达到优良标准

责任人：

"三宝""四口"、临边防护责任目标

保证施工现场"三宝"的齐全有效，"四口"、临边防护的具体做法符合规范要求，无设施设备隐患，达到优良标准

责任人：

施工用电责任目标

严格按照临时用电施工组织设计布线，设置电闸箱，做到"三级配电，两级保护"和"一机一闸一漏保"，理好220 V照明灯具，做好日巡，及时整改电气隐患，确保安全，达到优良标准

责任人：

特种设备责任目标

按照安装、拆除方案进行，保证各类限位齐全有效，操作人员持证上岗，按照规范进行操作、维修、保养，确保安全，达到优良标准

责任人：

施工机具责任目标

保证施工持证上岗，各类机械不"带病"运转，安全防护装置齐有效，达到优良标准

责任人：

（转下页）

（接上页）

现场围挡

目标内容：主要路段的工地周围设置高于2.5 m的围挡，其他围挡，稳固、坚固，并沿工地周围连续设置。围挡四周连续设置企业标志及宣传图片规范、整洁、美观

封闭管理

目标内容：施工现场进出口有大门，大门设置企业标志。有门卫和门卫制度，建立出入车辆、人员登记制度。施工人员佩戴工作出入证，大门内侧悬挂工程概况等的"五牌一图"、内容齐全、标明规范、整齐。施工现场有宣传栏、读报栏、黑板报

标志标牌

目标内容：出入口、临边、点示牌，有危险作业警告；有危险源公示牌；机械设备操作规程牌，材料标志牌符合规定；存放点有警示标志和隔离措施；管理人员和作业工挂牌上岗

责任人：

施工场地

目标内容：施工现场进出口设置车辆冲洗设备，主干道做硬化处理，其他裸露场地做绿化或覆盖。现场设置排水系统及废水回收利用设施，保持排水畅通，无积水，工地现场设置饮用水供应点和吸烟处。石灰、拌合灰土或其他有害有毒粉尘材料，搭设工作棚或防护棚要做到密闭定点。工作棚、防护棚高度、宽度应符合规定。污染性的作业必须有防尘措施。工程渣土及废弃垃圾装载过程中，必须采取喷淋等措施。车辆带泥上路，严禁撒漏，四级以上大风天气禁止进行土方施工

材料堆放

目标内容：施工现场应当按照施工总平面图划定的区域堆放各种设施和材料，并按照材料种类挂悬标志牌。施工备料高度，并采取防高度不得超过措施。做到工完场清，建筑垃圾及时清运，现场内集中堆放的砂石堆等散装材料应当砌筑不低于0.5 m的挡墙，进行围集中堆放。有毒易燃易爆物品分类存放保管，建立专用存放处，并进行分类专门管理，点数。所有进场材料必须有安全防护措施。除现场库房内，所有现场物料全部由现场材料员负责，外，保持清洁，物料堆存合理，无多余零散材料和机具，达到文明施工的要求

责任人：

现场办公与住宿

目标内容：施工作业区与办公、生活区划分明显，并有隔离措施。宿舍内设置可开式窗户和外开门，建立宿舍管理制度和卫生责任制，宿舍每间人员不得超过16人，实行单人单铺，或采用定型的上下铺，留有行走通道，通道宽度不小于90 cm。宿舍用品放置整齐，生活用品有安全电压(36 V)节能灯具，严禁用明照明取暖，夏季应有防暑降温和防蚊虫叮咬措施，保证宿舍周围卫生环境和安全，未竣工的建筑物内严禁住人

生活设施

目标内容：施工现场卫生要求的应当设置饮水设备、淋浴、消毒等设施。浴室应规范式设置，厕所采用水冲式，定期清扫、消毒。食堂要有卫生许可证，炊事人员要有防病物中毒健康合格证，并落实"四害"措施，食堂符合卫生要求。生活垃圾及时清理，装有容器内，由专人分类收集处理

责任人：

现场防火

目标内容：有消防措施，有灭火器材，灭火器材配置合理，有消防水源，有动火审批手续和动火监护制度

治安综合治理

目标内容：为工人设置学习和娱乐场所，有生活卫生间，进行有责任分解，治安防范措施，不发生失盗现象

责任人：

保健急救

目标内容：有保健医药箱，有急救措施和急救器材的配置培训的急救人员，开展了卫生防病宣传教育

社区服务

目标内容：有防粉尘措施，有防噪声措施，夜间未经许可不施工，不能焚烧有毒、有害物质，建立施工不扰民措施

责任人：

能源节约

目标内容：制定施工现场文明施工节约措施，内容有和方法要具体，有责任体系和责任人；设置雨水沉淀集储存及重复使用系统；生产、生活废水通过三级沉淀达到重复利用。混凝土养护，使用喷洒水的废水的回收重复使用；车辆冲洗用水、大小便器。材料运送，加工和使用能够有效的控制，做到物料的回收和重复使用；有效控制夜间开灯的时间。办公用房有隔冷(热)防护、保证职工食堂饭菜质量，不能造成浪费，日常办公用品有节约措施，减少浪费

责任人：

1.6　单位与项目部签订的安全生产目标责任书

安全生产目标责任书

公司(简称甲方)：_____

项目经理部(简称乙方)：_____

为了贯彻落实"安全第一,预防为主,综合治理"的方针,坚持安全生产、文明施工,根据国务院《建设工程安全生产管理条例》、《生产安全事故报告和调查处理条例》(国务院393 号、493 号令),陕西省人民政府《关于加强安全生产工作的决定》及企业下达年度安全生产管理目标,为杜绝伤亡事故的发生,减少一般事故,确保施工现场的安全生产,公司与项目部签订_____项目安全生产管理目标责任书。

一、工作范围

乙方承建的工程项目中职工的人身安全和施工生产设施、设备的施工安全。

二、安全生产管理目标

1.实现本单位全年杜绝重大伤亡事故发生,杜绝重大火灾、机械设备事故。

2.事故频率控制在　　‰以下,重伤事故控制在　　‰以下。

3.确保施工安全达标率 100%,安全优良率达·　　%。

4.具备省市级文明工地创建条件的,必须创省、市级文明工地,不具备创建条件的,必须达到文明施工。

三、双方责任

1.甲方责任

(1)贯彻"安全第一,预防为主,综合治理"的方针,把安全生产放在一切工作的首位,做到在安排生产计划、布置、检查、总结、评比时将安全管理工作同时进行,使生产布局适应安全管理的需要,不违章指挥。

(2)宣传、贯彻国家及地方的各种关于安全生产的法律、法规、规程、标准、条例、决定等,帮助督促乙方实施。

(3)检查监督项目经理部各项安全技术措施、文明施工措施的落实,防护设施、原材料、机具设备质量安全可靠,确保安全施工和施工现场生活办公设施整洁。除上级和企业季度检查外,每月还要组织巡查和抽查,消除事故隐患。

(4)组织开展施工现场安全达标创优活动,按照现行行业标准《建筑施工安全检查标准》(JGJ 59—2011)每季进行一次安全达标和目标管理考核评定工作,检查监督本责任书乙方的落实情况。

(5)企业每半年对公司、公司每季度对项目部、项目经理,项目经理每月对管理人员的安全生产目标实施情况及安全生产责任制进行一次考核。

2. 乙方责任

(1)建立健全项目经理部各类人员安全生产责任制。建立安全生产保证体系,并层层落实,严格考核。

(2)遵守安全生产规章制度,负责本单位内的安全生产和文明施工,对项目经理部的各施工管理人员、作业人员的生产安全负领导责任。

(3)负责承建的工程项目图纸会审和安全技术交底,检查督促全体职工、劳务作业人员遵章守纪、遵守操作规程,做到不违章指挥、不违章操作,不违反劳动纪律。

(4)负责与分包单位/班组签订安全生产目标责任书。督促分包单位/班组与职工/劳务作业人员签订安全目标责任书。

(5)带领全体职工实现安全达标创优,坚持召开项目部、班组两级安全教育工作会议。做到班前讲安全,下达生产任务的同时,进行安全技术交底,并每周深入现场检查一次安全生产,发现问题及时解决。

(6)配合公司做好公司级安全教育工作,认真做好项目经理部、班组两级安全教育工作。经常组织全体职工、劳务人员学习安全规章制度、操作规程。负责新、老工人换岗和劳务作业人员的入场安全教育,并请有实践经验的工程技术人员指导操作。

(7)认真编制专业性较强工程项目如脚手架、模板工程、基坑支护、施工用电、起重吊装作业、塔吊、物料提升机及其他垂直运输设备的安装与拆除等的施工方案或专项安全施工组织设计。

(8)加强对施工现场的安全防护。现场临时用电必须执行"TN－S",做到"三级配电、两级保护",外架搭设必须符合《建筑施工扣件式钢管脚手架安全技术规范》(JGJ 130—2011)及相关规范性文件的要求;做好脚手架、施工用电验收及施工机具设备等进场验收工作,确保安全生产。坚持特种作业人员持证上岗。

(9)对上级部门下达的关于安全生产的文件及开展的各项安全活动,认真贯彻落实执行,并详细记录。

(10)发生事故立即上报企业,救治伤员,保护现场,配合调查取证,并按照整改要求进行整改,对发生事故隐瞒不报者加重处罚。

四、奖罚办法

1. 按照企业《安全生产管理办法》相关条款执行。

2. 如有新规定,从其规定。

责任书一式两份,甲乙双方各执一份。

甲方:(盖章)　　　　　　　　　　乙方:(盖章)

负责人签字　　　　　　　　　　负责人签字

　　　　　　　　　　　　　　　签订日期　　　年　　月　　日

1.7　项目部安全生产责任制考核

安全生产责任制考核办法

为了进一步落实全员安全生产责任,实现安全生产目标管理,确保安全生产和文明施工,特制定本办法。

第一条　安全生产责任制实行分级考核,按照企业的机构设置和分级负责的原则进行考核。

(一)企业董事长、党委书记、总经理的考核由上一级进行。

(二)企业副总经理、总工程师、总会计师、工会主席等分管领导由总经理和党委书记进行考核。

(三)公司经理、党支部书记的考核由企业总经理、党委书记进行。

(四)各基层单位副职,由各单位正职进行考核。

(五)各项目经理(机械施工队长)由其所在单位主管生产副经理考核。

(六)企业各职能部门由主管领导进行考核,各职能部门的其他人员,由部门负责人考核。

(七)项目经理考核副职,各专业工长及管理人员由主管领导考核。

(八)班组(作业队)长由专业工长考核,工人由班组(作业队)长考核。

第二条　考核内容依据企业制定的安全生产责任制以及安全生产目标管理责任分解情况。

第三条　企业董事长、党委书记、总经理的考核由上级进行年度综合考核,企业其他领导和职能部门每半年考核一次,公司每季度考核一次,项目部、机械施工队、生产班组(作业队)每月考核一次。

第四条　考核采取以表评分的方法进行,评分结果分优良(85 分以上)、合格(70 分以上)、不合格(70 分以下)。

第五条　罚则:

(一)对连续两个考核期考核不合格的将按分级管理权限分别进行处罚。

(二)由于不履行安全生产职责,造成事故以及给企业造成重大经济损失的,将依据《安全生产违法行为行政处罚办法》的规定视情节给予处罚。

项目部安全生产责任制考核登记表(　　　年)

工程名称:　　　　　　　　施工单位:

序号	姓名	岗位	考核结果												总评	备注
			1月	2月	3月	4月	5月	6月	7月	8月	9月	10月	11月	12月		

填表人:

项目经理安全生产责任制考核表

施工单位			考核日期			
工程名称						
序号	考核内容	扣分标准	应得分数	扣减分数	实得分数	情况说明
1	安全管理	安全管理各项规章制度每缺一项,扣5分;未组织对管理人员安全责任制考核,扣10分,缺一次(人)扣2分;未公示安全管理组织网络扣5分;专(兼)职安全员配备缺一人,扣5分	15			
2	目标管理	未制定安全管理目标扣10分;订立安全目标责任书,缺一人扣2分;未进行责任目标考核扣10分,缺一次(人)扣2分	15			
3	施工组织设计	未编制施工组织设计不得分;施工组织设计内无安全措施扣10分,安全技术措施无针对性或缺项,发现一项扣5分;组织落实各项安全技术措施,落实不到位一项扣5分	10			
4	安全检查	未定期组织安全检查扣10分;发现施工生产中不安全问题未定时、定人、定措施及时解决扣10分	10			
5	安全教育	未组织召开职工教育大会,扣8分;职工三级安全教育发现一人未参加,扣1分;职工有一人缺资格证扣0.5分	10			
6	生产设施	安全、生活设施不符合要求,发现一处扣5分;安全措施费未及时落实到位,发现缺一处扣5分	10			
7	文明施工	施工工地脏乱差扣5分;不符合文明工地验收表要求,发现一处扣3分	10			
8	安全验收	机械、设施、塔吊、脚手架、模板、临电等应通过验收使用,缺一项扣10分	10			
9	工伤事故处理	工伤事故未按规定报告,瞒报、漏报、迟报扣10分;未按照"四不放过"的原则,调查事故的原因,研究防范措施,参加讨论主要责任者的处理意见,扣10分	10			
考核等级			合计	100		
被考核人			考核人			

项目副经理安全生产责任制考核表

施工单位				考核日期			
工程名称							
序号	考核内容	扣分标准		应得分数	扣减分数	实得分数	情况说明
1	制度执行	未组织制定、修订分管部门的安全规章制度不得分,所制定的制度简单、无针对性或不符合相关规定要求,每项扣10分;监督检查分管部门对安全生产各项规章制度执行情况,未履行扣10分,监督检查力度不够,扣10分;对失职和违章行为不制止、教育,发现一次扣10分		20			
2	措施落实	未参加或组织编制施工组织设计,扣10分;编制审查施工方案时,要审查安全技术措施,缺可行性与针对性,一项扣5分;检查、监督、落实不及时和不到位,发现一处扣5分		20			
3	安全检查	未组织分管业务范围内的安全大检查,少一次扣10分;未按"五定"要求落实整改,每次扣10分;未落实复查,一次扣5分		20			
4	安全活动	未按计划组织开展各项安全生产竞赛活动,少一次扣5分;活动流于形式,每次扣3分		15			
5	工伤处理	发生工伤事故、未遂事故,未及时上报、保护现场,一次扣10分;未参与工伤及其他事故的调查处理,一次扣5分		15			
6	安全例会	部门安全例会缺一次扣2分,例会不分析安全生产动态,不及时解决存在问题,流于形式,每次扣2分		10			
考核等级			合计	100			
被考核人			考核人				

项目技术负责人安全生产责任制考核表

施工单位			考核日期			
工程名称						
序号	考核内容	扣分标准	应得分数	扣减分数	实得分数	情况说明
1	安全技术管理	安全技术操作规程每缺一项扣10分;对安全技术问题不能及时解决,每项扣10分	20			
2	施工组织设计	施工组织设计未经审批扣15分;专项安全方案缺一项扣10分;专项安全施工方案和采用新技术、新工艺、新设备无针对性安全技术措施,扣5分	20			
3	安全技术交底	对管理人员和分包方安全技术交底缺一项扣10分;安全技术交底无针对性,扣5分	25			
4	安全教育	对职工进行安全技术教育培训,缺一次扣5分;配合不力,每次扣2分	10			
5	安全检查验收	未参加安全检查验收,少一次扣5分;检查到安全技术方面的事故隐患未按"五定"要求整改,扣10分;未做好整改复查,扣5分	15			
6	工伤处理	发生工伤事故、未遂事故,未及时上报、保护现场,一次扣10分;未参与工伤及其他事故的调查处理,一次扣5分	10			
考核等级			合计	100		
被考核人			考核人			

安全员安全生产责任制考核表

施工单位				考核日期	
工程名称					

序号	考核内容	扣分标准	应得分数	扣减分数	实得分数	情况说明
1	安全管理	安全资料不切实际扣5~10分;特种作业一人未持证上岗扣2分;未建立工伤事故档案扣4分;无工伤月报扣5分	15			
2	安全技术措施	施工实际与专项安全技术措施不相符扣5分;安全技术措施在落实过程中未检查、指导、督促扣10分	15			
3	安全教育	三级安全教育无具体安全教育内容扣10分;未履行签字手续扣2~4分;变换工种时未进行安全教育扣10分;特种作业人员未经安全教育培训扣10分	15			
4	安全验收	安全生产设施未按规定进行验收检查扣10分;验收、检查签字手续不全扣6~8分	15			
5	安全检查	安全检查无记录扣10分;整改后无回执和复查扣8分	15			
6	班组活动	无班组活动记录扣5分;班组对事故隐患通知书所列项目未如期完成扣10分	15			
7	工伤事故	发生工伤事故、未遂事故,未及时上报、保护现场,一次扣10分;未参与工伤及其他事故的调查处理,一次扣5分	10			
考核等级			合计	100		
被考核人			考核人			

机管员安全生产责任制考核表

施工单位			考核日期			
工程名称						
序号	考核内容	扣分标准	应得分数	扣减分数	实得分数	情况说明
1	安全管理	未认真落实有关机械管理制度扣5分；未按规定组织好机械施工扣10分	15			
2	设备操作保养	未监督、指导操作人员正确操作和保养设备扣10分	10			
3	机械检修	未正确判断机械故障并组织检修扣15分	15			
4	设备验收	未组织设备进场验收,未组织设备基础、机位、机棚施工及验收扣15分	20			
5	设备隐患处理	未参与设备检查扣5分；对查处的问题未纠正落实并反馈信息扣10分	15			
6	机械资料	未对特种设备分包方相关资料审核扣10分；未填写、整理、保管各种机械资料扣10分；未对设备操作工进行安全技术交底扣10分	15			
7	工伤处理	发生工伤事故、未遂事故,未及时上报、保护现场,一次扣10分；未参与工伤及其他事故的调查处理,一次扣5分	10			
考核等级			合计	100		
被考核人			考核人			

工长(施工员)安全生产责任制考核表

施工单位				考核日期			
工程名称							
序号	考核内容	扣分标准		应得分数	扣减分数	实得分数	情况说明
1	安全管理	未贯彻"管生产必须管安全"的原则,生产中对存在的安全隐患不闻不问,发现一次扣 20 分;指挥生产时不检查安全措施和设施,盲目指挥施工,发现一次扣 10 分;安全和生产有矛盾时,未遵循生产必须服从安全的原则,发现一次扣 5 分		25			
2	安全措施落实	未认真落实施工组织设计(施工方案)中安全技术措施,发现一次扣 3 分;针对生产任务特点,向分包单位(班组)进行详细的分部分项工程安全技术交底,并随时检查实施情况,缺一次扣 10 分		15			
3	违章指挥	违章指挥,发现一次不得分;对违章作业不闻不问,发现一次扣 10 分		15			
4	安全检查	参与安全检查,对现场搭设的脚手架、塔吊、施工电梯等设备或设施参加验收,缺一次扣 10 分		15			
5	安全配合	未配合项目安全员组织工人学习安全操作规程,开展安全生产活动,督促、检查工人正确使用个人防护用品,发现一次扣 10 分		20			
6	工伤处理	发生工伤事故、未遂事故,未及时上报、保护现场,一次扣 10 分;未参与工伤及其他事故的调查处理,一次扣 5 分		10			
考核等级			合计	100			
被考核人				考核人			

质量员安全生产责任制考核表

施工单位				考核日期		
工程名称						
序号	考核内容	扣分标准	应得分数	扣减分数	实得分数	情况说明
1	安全配合	协助安全员、施工员做好现场的各项安全工作,不协助一次扣10分,配合不到位,一次扣5分	30			
2	安全措施落实	协助施工员落实施工组织设计的安全技术措施,未按安全技术措施落实,发现一次扣5分	20			
3	违章指挥	违章指挥,发现一次不得分;对违章作业不闻不问,发现一次扣10分	20			
4	安全检查	参与安全检查,对现场搭设的脚手架、塔吊、施工电梯等设备或设施参加验收,缺一次扣5分	15			
5	工伤处理	发生工伤事故、未遂事故,未及时上报、保护现场,一次扣10分;未参与工伤及其他事故的调查处理,一次扣5分	15			
考核等级			合计	100		
被考核人			考核人			

材料员安全生产责任制考核表

施工单位				考核日期		
工程名称						

序号	考核内容	扣分标准	应得分数	扣减分数	实得分数	情况说明
1	安全设施物资	安全设施材料应有合格证等质量证明资料,缺一项扣10分;安全物资供应未能按计划要求及时供应,发现一次扣5分	20			
2	"三宝"	安全帽不符合标准每发现一项扣1分;安全带不符合标准每发现一条扣2分; 安全网规格、材料不符合要求扣25分	25			
3	材料堆放	材料未挂名称、品种、规格等标牌,缺一项扣5分;材料堆放到出入通道扣10分;堆放混乱,不符合安全要求扣10分	20			
4	运输储存	无仓库安全防火管理制度扣10分; 未设置灭火器材扣10分; 仓库未禁烟扣10分; 易燃易爆物品未分类存放扣10分	15			
5	物资供应	材料物资未编制供应计划扣20分; 未建立材料物资发放台账扣10分; 易燃易爆有毒物品应严格履行领用制度,有发放记录,缺一项(次)扣5分	20			
考核等级			合计	100		
被考核人			考核人			

班组长安全生产责任制考核表

施工单位				考核日期	
工程名称					

序号	考核内容	扣分标准	应得分数	扣减分数	实得分数	情况说明
1	安全操作规程	未认真执行本工种安全技术操作规程,每次扣5分	15			
2	班组安全活动	班前安全活动未开展不得分,发现一次未召开,扣5分;活动记录缺一次扣2分	15			
3	遵规守纪	违章指挥,发现一次扣10分;对班组人员违章作业未及时制止扣5分;项目部人员违章指挥不拒绝执行扣10分;班组施工人员有一次被罚款,每人扣5分	15			
4	安全检查	对本班组作业环境安全状况和日常安全巡查,缺一次扣10分;发现事故隐患和问题未及时解决并上报,每次扣5分;参与项目部定期安全检查和其他安全检查活动,缺一次扣5分	15			
5	安全教育与培训	安全教育缺一人,扣1分;有一人缺安全资格证扣1分	10			
6	机械设备和防护用具	班前未对所用设备、防护用具进行安全检查,每次扣2分;未对机械设备进行日常保养,每发现一次扣5分	10			
7	文明施工	所属宿舍检查评比有一次在倒数三名内,一个宿舍一次扣2分;班组文明竞赛活动有一次在倒数三名内,一次扣10分;有一次被通报,或被罚款扣10分;废物料不及时归堆的一次扣5分	10			
8	工伤事故处理	发生工伤事故、未遂事故,未及时上报、保护现场,一次扣10分;未参与工伤及其他事故的调查处理,一次扣5分	10			
考核等级			合计	100		
被考核人			考核人			

1.8　施工企业资质证件复印件

施工企业资质证件复印件

营业执照、资质证书、安全生产许可证
组织机构代码证、法人安全生产考核合格证

1.9　分包单位安全管理

分包安全管理制度

1.各分包单位应认真学习国家、省市政府有关管理部门的安全生产法律、条例和规定,学习总包单位各项安全管理规定,并自觉执行。

2.各分包单位应配备专人分管安全生产工作,完善并健全安全保证体系和安全管理各种台账,强化安全责任制管理,落实相关的安全技术措施。

3.分包单位对所属作业人员,进场前及施工过程中都须做好安全教育和分部分项工程安全技术交底工作。特别是对专业分包单位:施工范围内的安全工作的重点和薄弱环节,要有针对性地教育,督促所属员工遵守现场的安全生产各项规定。

4.分包单位有义务保护现场各项安全设施的完好,如施工脚手架、临时护栏及消防器材等,不得随意增加施工荷载,擅自拆除或移动。

5.各分包单位必须接受总承包安全监控,参与工地的各项安全检查工作,并落实有关整改事宜。分包单位的整改工作若不能达到有关安全管理标准(或不能及时达到管理要求的),总承包可以协助分包单位予以整改,其发生的人工、机械、材料等一切费用将由分包单位承担。

6.特殊工种必须持证上岗,复印件汇总后上报总承包。

7.重大伤亡事故应及时向总承包单位报告,立即组织抢救并保护好现场。

8.分包单位的作业人员,在作业过程中发现各类违章作业,总承包将依据情节轻重、危害程度等具体情况或有关规定予以劝阻警告,作罚款处理,情节严重者,责令停工整顿,直至退场。

劳务公司汇总表

序号	劳务公司名称	分包内容	作业人数	进场教育情况	备注

劳务公司情况登记表

工程名称			建筑面积		结构层次	
劳务公司		地址				
承包项目		联系电话			邮编	
资质等级		资质证书号码		安全生产许可证号码		
分包单位组织体系	经理		联系电话		是否进驻工地现场	
	现场主管		联系电话		是否进驻工地现场	
	技术负责人		联系电话		是否进驻工地现场	
	质量负责人		联系电话		是否进驻工地现场	
	安全负责人		联系电话		是否进驻工地现场	
	施工员		联系电话		是否进驻工地现场	
	施工员		联系电话		是否进驻工地现场	
	施工员		联系电话		是否进驻工地现场	
	班组长		联系电话		是否进驻工地现场	
	班组长		联系电话		是否进驻工地现场	
	班组长		联系电话		是否进驻工地现场	
	班组长		联系电话		是否进驻工地现场	
备注						
填表人				填表日期		

注:单位、管理人员相关资料附后。

施工单位与劳务公司安全管理协议

工程承包方全称(以下简称甲方)：＿＿＿＿＿＿＿＿＿＿＿＿＿＿＿＿＿＿

劳务分包方全称(以下简称乙方)：＿＿＿＿＿＿＿＿＿＿＿＿＿＿＿＿＿＿

为了切实落实安全生产责任,确保施工人员在生产过程中的安全与健康,保证施工顺利进行,依据《安全生产法》、《建设工程安全生产管理条例》及有关法律、法规,遵循平等、公平和诚实信用的原则,鉴于劳务分包方与工程承包方已经签订《劳务分包合同》,双方就施工安全管理协商达成一致,订立本协议。

1　劳务分包方基本情况

营业执照号码：　　　　　　　　有效期止：

资质证书号码：　　　　　　　　有效期止：

安全生产许可证号码：　　　　　有效期止：

2　责任范围：乙方所承担的工程项目施工中的人身安全和施工设施及环境的安全。

3　责任期：自　　　年　月　日起至乙方所承担的工程项目经甲方验收合格,人员撤离现场时止。

4　双方义务

4.1　认真贯彻国家、地方及上级有关安全生产的方针、政策,严格执行安全生产的法律法规、规章及标准。建立健全安全生产责任制度和安全生产教育培训制度,制定安全生产规章制度和操作规程,保证本单位安全生产所需资金的投入和有效使用。

4.2　对从业人员进行安全生产、文明施工教育培训和安全技术交底。

4.3　严禁违章指挥,及时制止违章作业和违反劳动纪律的行为。

4.4　发生事故,应当迅速采取有效措施,组织抢救伤者、保护好现场,并立即向上级有关部门报告。

4.5　施工现场各自必须配备持有安全生产考核合格证的专职安全生产管理人员负责现场安全监督管理。

5　甲方权利和义务

5.1　负责向乙方进行施工前安全技术总交底和施工过程中的安全监督检查。

5.2　负责制定和报批安全生产技术措施、专项施工方案并督促相关方实施。

5.3　负责对特种作业人员的资格进行审查,发现无证人员上岗的,有权要求所在单位及时纠正。

5.4　负责对乙方自备的劳动防护用品(如安全帽、安全带、绝缘手套、绝缘鞋等)的材质、使用情况进行监督。

5.5　负责安全防护所需材料、设备和安全标志标牌的提供。

5.6　负责各种机械设备、施工机具和施工用电的安全管理,组织相关方对设备、机具和临时用电进行验收,办理移交手续。

5.7　有权纠正违反安全生产标准和规章制度的行为,必要时进行内部经济处罚或要求乙方停工整改。

5.8　负责协调同一施工现场乙方与其他分包单位的安全生产管理。

6　乙方权利和义务

6.1　遵守工程建设安全生产有关管理规定,严格按安全标准和经批准的工程安全技术措施、专项施工方案进行施工,并随时接受行业、监理等单位安全检查人员依法实施的监督检查,采取必要的安全防护措施,消除事故隐患。

遵守施工现场安全生产管理制度和劳动纪律。服从甲方的安全生产管理,由于乙方安全措施不力、不服从管理导致生产安全事故或因施工现场安全不达标被建设主管部门通报批评、停工处罚的,由乙方承担全部责任,甲方有权就此造成的损失,向乙方索赔。

6.2　人员进场,必须及时如实向甲方提供进场人员的姓名、性别、年龄、工种、本工种工龄、家庭住址、身份证号、教育培训情况等信息。

严禁雇用童工、未成年工、不适宜从事有关工种、超过本工种退休年龄的作业人员及身份不明的人员(如违法犯罪人员),乙方使用以上人员造成生产安全事故或产生其他法律后果,由乙方承担全部责任。

6.3　施工、操作人员在施工前,必须接受入场安全、文明施工教育和施工前的安全技术交底,并建立安全教育培训档案;未经安全教育培训或安全考核不合格的人员不得安排上岗。

操作人员应当取得《职业资格证》,特种作业人员还必须持有《特种作业操作资格证》,严禁安排无证人员上岗操作。

安排未经安全教育培训或不具备相应资格、安全考核不合格的人员上岗,或由于乙方违章指挥、违章操作导致生产安全事故的,乙方承担全部责任。

6.4　负责本单位从业人员的安全生产、文明施工管理。对作业人员进行入场前及经常性的安全、文明施工教育培训,使操作人员具备必要的安全生产知识,熟悉有关的安全生产规章制度和安全操作规程、掌握本岗位的安全操作技能和紧急情况下的应急避险措施,督促施工人员自觉遵守安全生产的各项规章制度,并应书面告知作业人员危险岗位的操作规程和违章操作的危害。

乙方不得在未竣工的建筑物内及施工现场随意安排人员住宿,否则造成的一切后果均由乙方负责。

实行施工现场义务安全监督员制度,每15名从业人员中确定1名义务安全监督员,督促班组开展班前安全活动,并定期向甲方报送班组安全活动记录。

6.5　落实甲方安全技术交底和安全技术措施、专项方案的要求,并针对分项工程和作业环境实际,对有关安全施工的技术要求向作业班组、作业人员作出详细说明,并由双方签字确认。指导、督促作业人员严格按照安全技术要求和操作规程作业。严禁安排作业人员带病上岗和连续加班。

乙方对其员工突发疾病死亡应妥善处理,对上下班途中发生交通事故的,应承担其工伤保险待遇。

6.6　负责为本单位从业人员提供必要的劳动保护用品(如手套、工作服、胶鞋等)和合格的劳动防护用品,督促施工、作业人员正确使用劳动防护用品,及时制止违章行为。根据安全防护需用量在甲方办理安全网、密目网等领用手续,规范张挂。拆除后,认真整理交回甲方,并办理移交手续。

6.7　向甲方申报自带机具的规格、型号、数量、安全状况等并负责安全使用,严禁机具"带病"运转。由于自备设备原因造成的生产安全事故,由乙方承担全部责任。

6.8　接受甲方的安全监督检查,对检查提出的问题和隐患,落实人力资源及时整改,不得以任何理由拒绝整改或设置障碍。

6.9　有权拒绝甲方的违章指挥和强令冒险作业;发现直接危及人身安全的紧急情况时,有权停止作业或者在采取可能的应急措施后撤离作业场所。

6.10　对本单位员工宿舍、食堂建筑必须符合安全要求,使用管理应符合《建设工程施工现场环境与卫生标准》(JGJ 146—2013)的规定。对该区域发生的事故应承担全部责任。

6.11　遵守甲方的各项管理制度,对违反安全生产管理规定行为接受处罚,并承担由此产生的经济损失。

6.12　负责为本单位的作业人员办理意外伤害保险,支付保险费。

6.13　对本单位施工、操作人员所发生的生产安全事故,乙方应当立即报告甲方和有关部门,配合甲方、政府有关部门按照有关法律法规对事故进行调查处理,事故损失、善后处理及法律责任均由乙方承担。事故的善后处理事宜由乙方全面负责。

7　协议的生效与终止

本协议书作为《劳务分包合同》的附件,同《劳务分包合同》同时生效、同时终止。

8　协议份数

本协议书一式四份,甲、乙双方各执两份。

9　补充条款

_____

_____

_____

_____

甲　方:(公章)　　　　　　　　乙　方:(公章)

甲方代表人:　　　　　　　　　　乙方代表人:

(或委托代理人):　　　　　　　　(或委托代理人):

　　　　　　　　　　　　　　　　签订时间:　　　　年　　月　　日

劳务公司有效资质证件复印件

（加盖红章）

营业执照、资质证书、安全生产许可证
组织机构代码证、企业法人证书
项目负责人授权书
工程项目负责人、专职安全员身份证及有效的安全生产考核合格证

劳务公司人员花名册

工程名称：　　　　　　　　　　　　　单位：

序号	姓名	性别	出生年月	文化程度	职务或工种	入场时间	身份证号	家庭住址	备注

分包单位汇总表

序号	劳务公司名称	分包内容	作业人数	进场教育情况	备注

分包单位情况登记表

工程名称			建筑面积		结构层次	
劳务公司		地址				
承包项目		联系电话		邮编		
资质等级		资质证书号码		安全生产许可证号码		
分包单位组织体系	经理		联系电话		是否进驻工地现场	
	现场主管		联系电话		是否进驻工地现场	
	技术负责人		联系电话		是否进驻工地现场	
	质量负责人		联系电话		是否进驻工地现场	
	安全负责人		联系电话		是否进驻工地现场	
	施工员		联系电话		是否进驻工地现场	
	施工员		联系电话		是否进驻工地现场	
	施工员		联系电话		是否进驻工地现场	
	班组长		联系电话		是否进驻工地现场	
	班组长		联系电话		是否进驻工地现场	
	班组长		联系电话		是否进驻工地现场	
	班组长		联系电话		是否进驻工地现场	
备注						
填表人				填表日期		

注：单位、管理人员相关资料附后。

工程总分包安全管理协议

总包单位(甲方)：＿＿＿＿＿＿＿＿＿＿＿＿＿＿＿＿＿＿＿＿

分包单位(乙方)：＿＿＿＿＿＿＿＿＿＿＿＿＿＿＿＿＿＿＿＿

为了贯彻落实"安全第一、预防为主、综合治理"的方针,根据国家有关法律、法规、标准及省、市规定,为明确双方的安全生产责任,确保施工安全,双方在签订建筑工程分项合同的同时,签订本协议。

(一)劳务分包方基本情况

营业执照号码：　　　　　　　　　有效期止：

资质证书号码：　　　　　　　　　有效期止：

安全生产许可证号码：　　　　　　有效期止：

(二)责任范围：乙方所承担的工程项目施工中的人身安全和施工设施及环境的安全。

(三)责任期：自＿＿＿＿＿年＿＿＿＿＿月＿＿＿＿＿日起至乙方所承担的工程项目经甲方验收合格,人员撤离现场时止。

(四)协议内容

1. 协议承包范围

乙方承建的工程项目中职工人身安全和生活设施、生产设施、机电设备及施工安全等。

2. 目标管理承包内容

(1)坚持实现"五无",即全年无死亡事故、无重大伤害事故、无重大设备事故、无重大生产性火灾事故、无中毒倒塌等事故的发生。

(2)执行建设工程安全标准和技术规范,现场自检合格率100%,优良率70%以上,并积极创建省、市文明工地。

3. 双方责任

(1)甲乙双方必须坚持"安全第一、预防为主、综合治理"的方针,认真贯彻国家和省市颁布的各项安全法律法规、标准、规定。

(2)甲乙双方都应配备负责安全生产的领导和安全管理人员,应有安全操作规程,特种作业人员考核制度,定期安全检查和安全教育制度。

(3)施工前,甲方应对乙方的管理、施工人员进行安全生产进场教育,介绍有关安全生产管理制度、规程和要求,乙方应组织召开施工管理人员安全生产教育会议。

(4)根据工程项目内容、特点,甲乙双方应进行分部分项安全技术交底,并有交底的书面材料,交底材料一式两份,由甲乙双方各执一份。

(5)施工期间乙方派　　　　　　同志负责本分项工程的有关安全、防火工作;甲方指派　　　　　　同志负责联系、检查、监督乙方执行有关安全、防火规定。甲乙双方应经常联系,相互协助检查处理工程有关的安全、防火工作,共同预防事故的发生。

(6)乙方在施工期间必须严格执行和遵守甲方的安全生产各项规定,自觉接受甲方的督促、检查和指导,严格按施工组织设计和有关要求进行施工。甲方有协助乙方搞好安全生产及督促检查的义务,对于查处的安全隐患,乙方必须限期整改。

(7)在生产操作过程中的个人防护用品由各方自理,甲乙双方都应督促施工现场相关人员正确佩戴防护用品。

(8)乙方在施工现场作业中平均15人必须设立一名义务安全监督员,佩戴明显标志,督促检查施工安全情况,使安全工作不留死角。

(9)乙方应按甲方的要求编制专项施工方案,执行施工组织设计,制订有针对性的安全技术措施计划,严格按施工组织设计和有关安全要求进行施工。

(10)乙方在施工期间必须严格执行和遵守甲方施工现场消防安全管理制度,接受甲方的检查指导和督促,对查出的隐患,乙方必须限期整改。

(11)乙方人员对现场施工的脚手架、各类安全防护设施、安全标志及警示牌不得擅自拆除,需要更改的必须经项目部负责人同意,并采取必要可靠的安全措施后方可拆除。任何人员擅自拆除造成的后果,均由当事人及其单位负责。

(12)乙方应对进场的周转材料按照国家现行规范标准和施工方案要求验收;安全防护用品必须到有关部门认可的有资质的生产厂家和指定网点购买,索取使用合格证,并做好验收记录。

(13)乙方需要甲方提供的电气设备,在使用前应先进行检测,并做好测试记录,如有不符合安全规定的应及时向甲方提出,甲方应积极协助整改,整改合格后乙方方可使用。违反本规定或不经甲方许可,擅自乱拉电线造成的后果均由肇事者单位负责。

(14)乙方在施工中应注意地下管线及高压架空线路的保护,执行甲方对地下管线和障碍物的详细交底的要求。如遇特殊情况,应及时与甲方和有关部门联系,采取保护措施。

(15)乙方在施工期间所使用的各种设备及工具等均由乙方自备,如有特殊原因需甲方提供机械,乙方确认符合安全要求后并做好移交手续,已经移交的机械由乙方负责保管及维修保养,并严格执行安全操作规程。在使用过程中由于设备、工具因素或使用不当造成的伤亡事故,由乙方负全部责任。

(16)乙方特种作业人员必须执行国家规定,经考核合格后持证上岗,并按规定定期审查证件。中小型机械操作人员必须按规定做到"定机定人"并持证上岗;起重吊装作业人员必须按规定做到"十不吊",严禁违章无证操作,严禁不懂电气、机械设备的人员操作使用电气、机械设备。

(17)乙方在施工中需要甲方提供脚手架等设施,甲方应积极协助,在使用前甲乙双方共同做好交付、验收,并办理相关手续。严禁在未经验收或验收不合格的情况下投入使用,否则由此发生的事故由乙方负责。

4.其他未尽事宜:

_____

_____

5.本协议所订的各项规定适用于立协单位双方,如与国家和省、市的有关法规不符合的,应按国家和省市的有关规定执行。

6.本协议经立协双方单位签字盖章有效,作为合同正本的附件,一式两份,甲乙双方各执一份。

7.本协议与工程合同同日生效,甲乙双方必须严格执行,由于违反本协议而造成伤亡事故,由违约方承担一切经济损失。

　　　甲方(单位盖章):　　　　　　　乙方(单位盖章):

　　　项目经理:　　　　　　　　　　项目经理:

　　　　　　　　　　　　　　　　　签订时间:　　　　年　月　日

分包单位有效资质证件复印件

(加盖分包单位红章)

营业执照、资质证书、安全生产许可证
组织机构代码证、企业法人证书
工程项目负责人、专职安全员身份证及有效的安全生产考核合格证

分包单位人员花名册

工程名称:　　　　　　　　　　单位:

序号	姓名	性别	出生年月	文化程度	职务或工种	入场时间	身份证号	家庭住址	备注

1.10　安全生产文件

法律法规、标准规范适用要求

　　由项目技术负责人组织搜集获取、确定与项目施工及服务相关的职业健康安全法律法规。编制《项目适用职业健康安全法律法规清单》，报项目经理审核确认。确定本项目适用的法律、法规，主要是国家及当地职业健康安全主管部门、建设主管部门等相关单位发布的法律、法规、标准、规范和通知等适用文件。

　　项目主任工程师在编制施工技术方案或施工员在进行安全技术交底时，关注相关职业健康安全法律、法规要求，并将相关要求具体反映到技术方案或安全技术交底当中，以确保相应职业健康安全法律、法规的要求得到有效落实。

法　　律

序号	名　　称	实施时间或文号

行 政 法 规

序号	名　称	实施时间或文号

标准、规范

序号	名　称	实施时间或文号

地方行政法规

序号	名　　称	实施时间或文号

部门规章

序号	名　　称	实施时间或文号

1.11　安全生产文件学习

文件传阅单

施工单位			工程名称		
来文单位 及编号				份数	
密　级			此文发至		
文件标题			收文时间		
拟 办 意 见				签字： 　年　　月　　日	
领 导 批 示				签字： 　年　　月　　日	
阅 者 签 字				签字： 　年　　月　　日	
经 办 结 果				签字： 　年　　月　　日	

注:项目部收到文件后,根据文件精神,由经办单位签署拟办意见,领导审阅批示。

文件学习会议记录

会议主题					
会议时间		会议地点		主持人	
参加人员					

记录人：

年　月　日

文件学习会议签到表

学习内容：＿＿＿＿＿＿＿＿＿＿　日期：　　年　月　日

序号	姓名	备注	序号	姓名	备注

1.12　安全生产措施费

安全生产费用管理办法

第一条　为了建立企业安全生产投入长效机制,切实做好安全生产费用的管理工作,保障安全生产资金投入,维护职工的合法权益,确保生产活动正常有序开展,根据国家财政部和安监总局联合下发的《企业安全生产费用提取和使用管理办法》(财企〔2012〕16号)和陕西省政府相关规定以及《陕西建工集团企业安全生产费用管理办法》,结合企业实际情况,制定本办法。

第二条　本办法所称安全生产费用(以下简称安全费用)是指企业按照规定标准提取、在成本中列支,专门用于完善和改进企业或者项目安全生产条件的资金。

安全费用按照"企业提取、政府监管、确保需要、规范使用"的原则进行管理。

第三条　建设工程施工企业的安全费用以建筑安装工程造价为提取依据。各建设工程类别安全费用提取标准如下:

(一)房屋建筑工程按工程总造价的 2.6% 提取;

(二)市政公用工程按工程总造价的 1.8% 提取;

(三)道路桥梁工程按工程总造价的 1.8% 提取。

建设工程施工企业提取的安全费用列入工程造价,在竞标时,不得删减,列入标外管理。国家对基本建设投资概算另有规定的,从其规定。

总包单位应当将安全费用按比例直接支付分包单位并监督使用,分包单位不再重复提取。

对于履行总承包管理责任的项目,在与业主签订合同时应明确安全费用提取和支付的责任主体。

第四条　安全费用应当用于以下安全生产事项:

(一)完善、改造和维护安全防护设施设备支出(不含"三同时"要求初期投入的安全设施),包括施工现场临时用电系统、洞口、临边、机械设备、高处作业防护、交叉作业防护、防火、防爆、防尘、防毒、防雷、防台风、防地质灾害、地下工程有害气体监测、通风、临时安全防护等设施设备支出;

(二)配备、维护、保养应急救援器材、设备支出和应急演练支出;

(三)开展重大危险源和事故隐患评估、监控和整改支出;

(四)安全生产检查、评价(不包括新建、改建、扩建项目安全评价)、咨询和标准化建设支出;

(五)配备和更新现场作业人员安全防护用品支出;

(六)安全生产宣传、教育、培训支出;

(七)安全生产适用的新技术、新标准、新工艺、新装备的推广应用支出;

(八)安全设施及特种设备检测检验支出;

(九)其他与安全生产直接相关的支出。

具体使用内容详见后附《安全生产费用使用范围》。

第五条 在本办法规定的使用范围内,安全费用将优先用于满足安全生产监督管理部门以及行业主管部门对项目安全生产提出的整改措施或者达到安全生产标准所需的支出。

基层单位在履行内部决策程序后,可以对所属项目部提取的安全费用按照一定比例集中管理,统筹使用。

第六条 项目经理或基层单位负责人负责组织和审批所在单位安全费用的计划、提取、使用、报告等工作。

第七条 项目安全管理部门具体负责安全费用的计划、提取、使用、报告等监督工作。安全费用的支付和使用必须经所属单位安全生产科审核,主管领导批准后,财务部门方能办理付款业务。

第八条 财务部门负责安全费用的核算和资金管理工作。

第九条 基层单位安全费用的拨付与核销程序:

(一)基层单位所属项目在核销安全费用时,应凭税务发票、购货入库验收单以及劳务用工结算单等有关凭证,经项目负责人、项目安全员签字,由基层单位相关科室审核,主管领导审批后,报送财务部门核销。

(二)在外地的工程项目,根据工程所在地政府监管部门规定专户存储的项目安全生产费用,可根据实际缴存额度计提安全生产费用,其核销拨付程序,按当地政府规定办理,上报给政府部门的各项结算资料,项目部应同时提供给单位财务部门,作为有关账务处理依据。

(三)项目终结后,退下的各项安全设施、设备、特种防护用品,需投入新的工程项目时,应列出物品清单提供相关证据,书面报基层单位进行检验评估,经基层单位相关部门检验评估折价后(如需经有关机构检测检验的,还应同时上报检测报告),其费用金额可认定为该工程项目的安全生产费用。

(四)企业安全管理部和基层单位生产安全科根据工地检查情况,可要求项目部进行安全生产投入,如项目部拒不履行的,安全管理部和生产安全科可提请企业安全生产委员会同意,对项目下停工令,并进行处罚,罚款从项目安全生产费用中予以扣收,同时要求项目部必须从生产资金中进行安全投入,否则冻结项目一切资金使用。

(五)《项目管理目标责任书》中约定有创建文明工地指标的项目,必须完成相应的安全目标,如安全目标未达标者,在项目终结时,报经企业安全管理委员会同意,按本项目应提取安全生产费用的 30% ～50% 予以处罚,用于企业安全生产投入及安全生产奖励基金。

项目结束后,企业安全、财务等相关部门对安全费用投入、使用情况进行审核,若该工程未通过文明工地验收或未实现安全达标,其安全费用实际支出低于要求的,企业收回结余部分,用于企业安全教育培训、安全新技术推广和安全标准化建设等的支出。

第十条 安全生产费用的监督管理:

(一)项目部必须严格按照国家质量采购标准采购各类劳动防护用品和特种防护用品,不符合国家质量标准的产品不得投入使用,安全员不得签字,生产安全科不得核准,财务部门不得核销。

（二）各基层单位，每月将安全生产费用投入情况报表上报企业安全管理部和财务部。

（三）各基层单位，应在企业每季度召开的生产安全计划会上专题汇报安全费用投入情况。

（四）安全费用投入情况纳入企业安全责任考核内容。

第十一条　各基层单位提取的安全费用应当专户核算，按规定范围安排使用，不得挤占、挪用。年度结余资金结转下年度使用，当年计提安全费用不足的，超出部分按正常成本费用渠道列支。

第十二条　会计科目设置及使用说明：

一、科目设置

（一）"专项储备"科目

企业应增设"专项储备"科目，本科目属权益类科目，核算企业安全生产费用的提取、使用和结余情况。财务部门根据经审批的安全费用使用计划计提安全生产费用时，借记有关成本费用类科目，贷记本科目；使用提取的安全生产费用时，属于费用性支出的，直接借记本科目，贷记"银行存款"等科目。使用提取的安全生产费用形成固定资产的，应当通过"在建工程"科目归集，待项目完工达到预定可使用状态时确认为固定资产，同时，按照形成固定资产的成本借记本科目，贷记累计折旧。该固定资产在以后不再计提折旧，但应纳入固定资产进行管理。

（二）"在建工程——安全工程"科目

企业应增设"在建工程——安全工程"二级科目。使用计提的安全费用如能确定有关支出最终将形成固定资产时，应借记本科目，贷记"银行存款"等科目；工程完工形成固定资产时，借记"固定资产"科目，贷记本科目。该明细科目借方余额反映尚未形成固定资产的安全费用资本性支出。

（三）"管理费用——安全费用"科目

企业应增设"管理费用——安全费用"二级科目，核算管理部门计提的安全费用。

二、主要会计事项分录举例

（一）提取安全生产费用时

1.基层单位

借：工程施工——合同成本——其他直接费

贷：专项储备

2.企业本部

借：管理费用——安全费用

贷：专项储备

（二）使用安全生产费用时

1.费用化支出

借：专项储备

贷：银行存款等

2. 资本性支出

(1) 使用提取的安全生产费用,购入不需要安装调试的固定资产,直接按照入账价值形成固定资产,并计提相同金额的累计折旧。

借:固定资产

贷:银行存款等

同时:

借:专项储备

贷:累计折旧

(2) 使用计提的安全费用如能确定有关支出最终将形成固定资产时,应当通过"在建工程——安全工程"科目归集所发生的支出,待达到预定可使用状态时确认为固定资产,并计提相同金额的累计折旧。

借:在建工程——安全工程

贷:银行存款等

借:固定资产

贷:在建工程——安全工程

借:专项储备

贷:累计折旧

对于安全生产费用会计处理与税法规定之间的暂时性差异,应进行企业所得税纳税调整,同时确认递延所得税资产。

第十三条 本办法由企业财务部与安全管理部负责解释。

第十四条 本办法自印发之日起执行。

附件:1. 安全生产费使用范围

2. 安全生产费投入计划表

3. 安全生产费统计台账

4. 安全生产费资金投入月(年)报表

安全生产费使用范围

根据《建设工程安全生产管理条例》和《企业安全生产费用提取和使用管理办法》（财企〔2012〕16号）以及陕西省《关于加强建筑工程安全防护、文明施工措施费用管理的通知》文件要求，建设工程安全防护、文明施工措施项目清单如下：

类别	项目名称		具体要求
文明施工与环境保护	安全警示标志牌		在易发伤亡事故（或危险）处设置明显的、符合国家标准要求的安全警示标志牌
	现场围挡		（1）市区主要道路设置不低于2.5 m高的围挡，一般道路设置不低于1.8 m高的围挡，围挡的墙面应进行适当的美化； （2）围挡材料可采用彩色、定型钢板，砖、混凝土砌块等墙体
	六牌一图		在进门处悬挂工程概况、管理人员名单及监督电话、安全生产、文明施工、消防保卫、重大危险源公示六牌和施工现场总平面图
	企业标志		现场出入的大门应设有企业标志
	场容场貌		（1）施工现场主要道路必须进行混凝土硬化，并保持畅通； （2）排水沟、排水设施通畅； （3）裸露的场地和集中堆放的土方应采取覆盖、固化或绿化等措施； （4）现场办公区和生活区应采用永久性绿化
	材料堆放		（1）材料、构件、料具等堆放时，悬挂有名称、品种、规格等标牌； （2）水泥和其他易飞扬细颗粒建筑材料应密闭存放或采取覆盖等措施； （3）易燃易爆和有毒有害物品分类存放
	现场防火		消防器材配置合理，符合消防要求
	垃圾清运		施工现场应设置密闭式垃圾站，施工垃圾、生活垃圾应分类存放，采用相应容器或管道运输
临时设施	施工现场临时用电	现场办公生活设施	（1）施工现场办公、生活区与作业区划分清晰，有相应的隔离措施并保持安全距离； （2）工地办公室、宿舍、食堂、民工学校、厕所、饮水设施、休息场所等符合卫生和安全要求
		配电线路	（1）按照TN-S系统要求配备五芯电缆、四芯电缆和三芯电缆； （2）按要求架设临时用电线路的电杆、横担、瓷夹、瓷瓶等，或开挖电缆埋地的地沟； （3）对靠近施工现场的外电线路，设置木质、塑料等绝缘体的防护棚
		配电箱开关箱	（1）按三级配电要求，配备总配电箱、分配电箱、开关箱三类标准电箱，开关箱应符合"一机、一箱、一闸、一漏"，三类电箱中的各类电器应是合格品； （2）按三级保护的要求，选取符合容量要求和质量合格的总配电箱和开关箱中的漏电保护器
		接地保护装置	施工现场保护零线的重复接地应不少于三处

续表

类别	项目名称		具体要求
安全施工	临边洞口交叉高处作业防护	楼板、屋面、阳台等临边防护	设1.2 m高的定型化、工具化、标准化的防护栏杆用密目式安全立网全封闭,作业层另加两边防护栏杆和18 cm高的踢脚板
		通道口防护	设防护棚,防护棚应为不小于5 cm厚的木板或两道相距50 cm的竹笆,两侧应沿栏杆架用密目式安全网封闭
		预留洞口防护	用木板全封闭,其短边超过1.5 m长的洞口,除封闭外四周还应设有防护栏杆
		电梯井口防护	设置定型化、工具化、标准化的防护门,在电梯井内每隔两层(不大于10 m)设置一道安全平网
		楼梯边防护	设1.2 m高的定型化、工具化、标准化的防护栏杆,18 cm高的踢脚板
		垂直方向交叉作业	设置防护隔离棚或其他设施
		高空作业防护	有悬挂安全带的悬索或其他设施,有操作平台,有可上下的梯子或其他形式的通道
	脚手架	脚手架封闭	外侧必须用合格的密目式安全网封闭,且应将安全网固定在脚手架外立杆内侧
	安全检测及专家论证费		现场起重机械与外用电梯(物料提升机)、安全防护用具、钢管脚手架等检测和危险较大项目专家论证费用
	应急和保健措施		应急救援器材及保健急救措施和医药用品、急救用品等
	施工机械防护措施		现场起重机械与外用电梯(物料提升机)等建筑起重机械的安全防护措施
	基坑支护及地下室防护措施		基坑支护的变形监测及地下作业中的安全防护和监测
	安全教育培训及安全宣传标语横幅等费用		现场安全管理人员及作业人员的相关安全教育培训等费用和用于安全生产的宣传标语横幅等费用
	其他		施工现场远程视频监控系统及其他与安全生产直接相关的支出

注:本表所列建筑安全防护、文明施工措施项目,是依据现行法律法规及标准规范确定的。如修订法律法规和标准规范,本表所列项目应按照修订后的法律法规和标准规范进行调整。

_____年_____季度安全生产费投入计划表

工程名称		
类别	具体内容	金额
标志标牌		
安全宣传		
教育培训		
安全防护用品		
职业病预防急救保健		
应急救援措施		
临时用电		
消防器材		
检测监控		
临边洞口防护棚、通道		
场容场貌		
防暑防寒		
其他		

编制人： 审批人：

安全生产费统计台账

工程名称：

类别＼月份	标志标牌	安全宣传	教育培训	安全防护用品	职业健康急救保健	应急预案措施	临时用电	消防器材	监测监控	临边洞口防护	防护棚通道	场容场貌	防暑防寒	合计
1月														
2月														
3月														
4月														
5月														
6月														
7月														
8月														
9月														
10月														
11月														
12月														
合计														

安全生产费资金投入月(年)报表

工程名称					结构类型		
工程造价			月完成工程量		填报时间		
类别	名称	规格	单位	数量	金额	备注	
安全宣传	安全标牌						
	安全标志						
	条(横)幅						
	其他						
教育培训	安全培训						
	安全资料						
	其他						
个人防护用品	绝缘鞋						
	绝缘手套						
	工作服						
	其他						
特种防护用品	密目安全网						
	大孔安全网						
	安全平网						
	安全帽						
	安全带						
	其他						
职业病预防	职业病预防体检						
	常规体检						
	降尘措施						
	降噪措施						
	其他						
应急预案措施	应急救援设施投入						
	演练						
	其他						
急救保健	急救器材						
	保健药箱						
	药品						
	其他						
小计							

续表

类别	名称	规格	单位	数量	金额	备注
临时用电	外电防护					
	漏电保护器					
	低压变压器					
	配电系统					
	其他					
临边洞口防护棚	临边防护用钢管					
	临边防护用扣件					
	临边防护搭拆人工费					
	防护棚用钢管					
	防护棚购置费及安拆费					
	防护棚用扣件					
	防护棚搭拆人工费					
	洞口防护人工费					
	脚手架封闭人工费					
	其他					
场容场貌	砂子					
	石子					
	水泥					
	白灰					
	现场围挡人工费					
	道路硬化人工费					
	排水沟施工人工费					
	易飞扬材料存放覆盖人工费					
	易燃易爆有毒物分存人工费					
	花卉费用					
	绿化带施工人工费					
	绿化					
	购买垃圾容器费					
	垃圾台(站)施工人工费					
	垃圾清运费					
季节安全措施	防暑降温					
	防寒措施					
	其他					
检测监控	安全检测及专家论证					
	监控设备					
消防器材						
小计						
合计						

主管领导: 　　财务: 　　采购: 　　安全员:

第 2 章　施工组织设计及专项施工方案

2.1　施工组织设计

施工组织设计（单行本）

（略）

2.2　专项施工方案

专项施工方案（单行本）
（详见建设部建质〔2009〕87 号文）

（略）

2.3　危险性较大的分部分项工程安全管理办法

危险性较大的分部分项工程安全管理办法

建质〔2009〕87 号

第一条　为加强对危险性较大的分部分项工程安全管理,明确安全专项施工方案编制内容,规范专家论证程序,确保安全专项施工方案实施,积极防范和遏制建筑施工生产安全事故的发生,依据《建设工程安全生产管理条例》及相关安全生产法律法规制定本办法。

第二条　本办法适用于房屋建筑和市政基础设施工程(以下简称"建筑工程")的新建、改建、扩建、装修和拆除等建筑安全生产活动及安全管理。

第三条　本办法所称危险性较大的分部分项工程是指建筑工程在施工过程中存在的、可能导致作业人员群死群伤或造成重大不良社会影响的分部分项工程。危险性较大的分部分项工程范围见附件一。

危险性较大的分部分项工程安全专项施工方案(以下简称"专项方案"),是指施工单位在编制施工组织(总)设计的基础上,针对危险性较大的分部分项工程单独编制的安全技术措施文件。

第四条　建设单位在申请领取施工许可证或办理安全监督手续时,应当提供危险性较大的分部分项工程清单和安全管理措施。施工单位、监理单位应当建立危险性较大的分部分项工程安全管理制度。

第五条　施工单位应当在危险性较大的分部分项工程施工前编制专项方案;对于超过一定规模的危险性较大的分部分项工程,施工单位应当组织专家对专项方案进行论证。超过一定规模的危险性较大的分部分项工程范围见附件二。

第六条　建筑工程实行施工总承包的,专项方案应当由施工总承包单位组织编制。其中,起重机械安装拆卸工程、深基坑工程、附着式升降脚手架等专业工程实行分包的,其专项方案可由专业承包单位组织编制。

第七条　专项方案编制应当包括以下内容:

(一)工程概况:危险性较大的分部分项工程概况、施工平面布置、施工要求和技术保证条件。

(二)编制依据:相关法律、法规、规范性文件、标准、规范及图纸(国标图集)、施工组织设计等。

(三)施工计划:包括施工进度计划、材料与设备计划。

(四)施工工艺技术:技术参数、工艺流程、施工方法、检查验收等。

(五)施工安全保证措施:组织保障、技术措施、应急预案、监测监控等。

(六)劳动力计划:专职安全生产管理人员、特种作业人员等。

(七)计算书及相关图纸。

第八条　专项方案应当由施工单位技术部门组织本单位施工技术、安全、质量等部门的专业技术人员进行审核。经审核合格的,由施工单位技术负责人签字。实行施工总承包的,专项方案应当由总承包单位技术负责人及相关专业承包单位技术负责人签字。

不需专家论证的专项方案,经施工单位审核合格后报监理单位,由项目总监理工程师审核签字。

第九条　超过一定规模的危险性较大的分部分项工程专项方案应当由施工单位组织召开专家论证会。实行施工总承包的,由施工总承包单位组织召开专家论证会。

下列人员应当参加专家论证会:

(一)专家组成员;

(二)建设单位项目负责人或技术负责人;

(三)监理单位项目总监理工程师及相关人员;

(四)施工单位分管安全的负责人、技术负责人、项目负责人、项目技术负责人、专项方案编制人员、项目专职安全生产管理人员;

(五)勘察、设计单位项目技术负责人及相关人员。

第十条　专家组成员应当由 5 名及以上符合相关专业要求的专家组成。

本项目参建各方的人员不得以专家身份参加专家论证会。

第十一条　专家论证的主要内容:

(一)专项方案内容是否完整、可行;

(二)专项方案计算书和验算依据是否符合有关标准规范;

(三)安全施工的基本条件是否满足现场实际情况。专项方案经论证后,专家组应当提交论证报告,对论证的内容提出明确的意见,并在论证报告上签字。该报告作为专项方案修改完善的指导意见。

第十二条　施工单位应当根据论证报告修改完善专项方案,并经施工单位技术负责人、项目总监理工程师、建设单位项目负责人签字后,方可组织实施。

实行施工总承包的,应当由施工总承包单位、相关专业承包单位技术负责人签字。

第十三条　专项方案经论证后需做重大修改的,施工单位应当按照论证报告修改,并重新组织专家进行论证。

第十四条　施工单位应当严格按照专项方案组织施工,不得擅自修改、调整专项方案。

如因设计、结构、外部环境等因素发生变化确需修改的,修改后的专项方案应当按本办法第八条重新审核。对于超过一定规模的危险性较大工程的专项方案,施工单位应当重新组织专家进行论证。

第十五条　专项方案实施前,编制人员或项目技术负责人应当向现场管理人员和作业人员进行安全技术交底。

第十六条　施工单位应当指定专人对专项方案实施情况进行现场监督和按规定进行监测。发现不按照专项方案施工的,应当要求其立即整改;发现有危及人身安全紧急情况的,应当立即组织作业人员撤离危险区域。

施工单位技术负责人应当定期巡查专项方案实施情况。

第十七条　对于按规定需要验收的危险性较大的分部分项工程,施工单位、监理单位应当组织有关人员进行验收。验收合格的,经施工单位项目技术负责人及项目总监理工程师签字后,方可进入下一道工序。

第十八条 监理单位应当将危险性较大的分部分项工程列入监理规划和监理实施细则,应当针对工程特点、周边环境和施工工艺等,制定安全监理工作流程、方法和措施。

第十九条 监理单位应当对专项方案实施情况进行现场监理;对不按专项方案实施的,应当责令整改,施工单位拒不整改的,应当及时向建设单位报告;建设单位接到监理单位报告后,应当立即责令施工单位停工整改;施工单位仍不停工整改的,建设单位应当及时向住房城乡建设主管部门报告。

第二十条 各地住房城乡建设主管部门应当按专业类别建立专家库。专家库的专业类别及专家数量应根据本地实际情况设置。

专家名单应当予以公示。

第二十一条 专家库的专家应当具备以下基本条件:

(一)诚实守信,作风正派,学术严谨;

(二)从事专业工作15年以上或具有丰富的专业经验;

(三)具有高级专业技术职称。

第二十二条 各地住房城乡建设主管部门应当根据本地区实际情况,制定专家资格审查办法和管理制度并建立专家诚信档案,及时更新专家库。

第二十三条 建设单位未按规定提供危险性较大的分部分项工程清单和安全管理措施,未责令施工单位停工整改的,未向住房城乡建设主管部门报告的;施工单位未按规定编制、实施专项方案的;监理单位未按规定审核专项方案或未对危险性较大的分部分项工程实施监理的;住房城乡建设主管部门应当依据有关法律法规予以处罚。

第二十四条 各地住房城乡建设主管部门可结合本地区实际,依照本办法制定实施细则。

第二十五条 本办法自颁布之日起实施。原《关于印发〈建筑施工企业安全生产管理机构设置及专职安全生产管理人员配备办法〉和〈危险性较大工程安全专项施工方案编制及专家论证审查办法〉的通知》(建质〔2004〕213号)中的《危险性较大工程安全专项施工方案编制及专家论证审查办法》废止。

附件一

危险性较大的分部分项工程范围

一、基坑支护、降水工程开挖深度超过3 m(含3 m)或虽未超过3 m但地质条件和周边环境复杂的基坑(槽)支护、降水工程。

二、土方开挖工程:开挖深度超过3 m(含3 m)的基坑(槽)的土方开挖工程。

三、模板工程及支撑体系

(一)各类工具式模板工程:包括大模板、滑模、爬模、飞模等工程。

(二)混凝土模板支撑工程:搭设高度5 m及以上;搭设跨度10 m及以上;施工总荷载10 kN/m² 及以上;集中线荷载15 kN/m 及以上;高度大于支撑水平投影宽度且相对独立无联系构件的混凝土模板支撑工程。

（三）承重支撑体系：用于钢结构安装等满堂支撑体系。

四、起重吊装及安装拆卸工程

（一）采用非常规起重设备、方法，且单件起吊重量在 10 kN 及以上的起重吊装工程。

（二）采用起重机械进行安装的工程。

（三）起重机械设备自身的安装、拆卸。

五、脚手架工程

（一）搭设高度 24 m 及以上的落地式钢管脚手架工程。

（二）附着式整体和分片提升脚手架工程。

（三）悬挑式脚手架工程。

（四）吊篮脚手架工程。

（五）自制卸料平台、移动操作平台工程。

（六）新型及异型脚手架工程。

六、拆除、爆破工程

（一）建筑物、构筑物拆除工程。

（二）采用爆破拆除的工程。

七、其他

（一）建筑幕墙安装工程。

（二）钢结构、网架和索膜结构安装工程。

（三）人工挖扩孔桩工程。

（四）地下暗挖、顶管及水下作业工程。

（五）预应力工程。

（六）采用新技术、新工艺、新材料、新设备及尚无相关技术标准的危险性较大的分部分项工程。

附件二

超过一定规模的危险性较大的分部分项工程范围

一、深基坑工程

（一）开挖深度超过 5 m（含 5 m）的基坑（槽）的土方开挖、支护、降水工程。

（二）开挖深度虽未超过 5 m，但地质条件、周围环境和地下管线复杂，或影响毗邻建筑（构筑）物安全的基坑（槽）的土方开挖、支护、降水工程。

二、模板工程及支撑体系

（一）工具式模板工程：包括滑模、爬模、飞模工程。

（二）混凝土模板支撑工程：搭设高度 8 m 及以上；搭设跨度 18 m 及以上；施工总荷载 15 kN/m² 及以上；集中线荷载 20 kN/m 及以上。

（三）承重支撑体系：用于钢结构安装等满堂支撑体系，承受单点集中荷载 700 kg 以上。

三、起重吊装及安装拆卸工程

（一）采用非常规起重设备、方法，且单件起吊重量在 100 kN 及以上的起重吊装工程。

（二）起重量 300 kN 及以上的起重设备安装工程；高度 200 m 及以上内爬起重设备的拆除工程。

四、脚手架工程

（一）搭设高度 50 m 及以上落地式钢管脚手架工程。

（二）提升高度 150 m 及以上附着式整体和分片提升脚手架工程。

（三）架体高度 20 m 及以上悬挑式脚手架工程。

五、拆除、爆破工程

（一）采用爆破拆除的工程。

（二）码头、桥梁、高架、烟囱、水塔或拆除中容易引起有毒有害气（液）体或粉尘扩散、易燃易爆事故发生的特殊建、构筑物的拆除工程。

（三）可能影响行人、交通、电力设施、通信设施或其他建筑（构筑）物安全的拆除工程。

（四）文物保护建筑、优秀历史建筑或历史文化风貌区控制范围的拆除工程。

六、其他

（一）施工高度 50 m 及以上的建筑幕墙安装工程。

（二）跨度大于 36 m 的钢结构安装工程；跨度大于 60 m 的网架和索膜结构安装工程。

（三）开挖深度超过 16 m 的人工挖孔桩工程。

（四）地下暗挖工程、顶管工程、水下作业工程。

（五）采用新技术、新工艺、新材料、新设备及尚无相关技术标准的危险性较大的分部分项工程。

2.4　安全技术操作规程

各工种安全技术操作规程

（项目部自行打印）

（略）

特种设备及施工机具安全技术操作规程

（项目部自行打印）

（略）

2.5　施工现场优先控制危险源

OHS 危险源辨识调查表

序号	作业活动	危险因素	可能导致的事故	涉及的相关方	现有控制措施及其有效性	备注

班组：　　　　　填表人：　　　　　填表日期：

OHS 危险源辨识和风险评价结果一览表

序号	作业活动	危险源		可能导致的事故	判别依据 (a~e)	作业条件危险性评价				危险级别	现有控制措施	备注
		危险源状况	发生原因			L	E	C	D			

注：判别依据：a. 不符合法律、法规及其他要求；b. 相关方合理抱怨或要求；c. 曾发生过事故，仍未采取有效控制措施；d. 直接观察到的危险源；e. 定量评价（LECD）法。

OHS 优先控制危险源及其控制计划清单

序号	作业活动	重大危险源风险因素	可能导致的事故	控制计划及目标	控制依据	备注

填表人：　　　　　　　　　　　　　　　　　　　　　　　　　填表时间：

OHS 优先控制危险源安全管理方案

危险源		
现状及原因		
法律、法规及其他要求	国家及行业法律、法规	
	地方法规	
	内部控制目标	
完成指标		
管理方案	方法及总概算	
	实施步骤	
	完成时间	
	责任部门或责任人	
	协助部门	
	费用分解	
	编制人	日期
	审核人	日期
	批准人	日期
	检查人	日期

OHS 优先控制危险源公示牌

序号	作业活动	重大危险因素	可能导致的事故	控制措施	监控责任人	备注

第 3 章　安全技术交底

3.1　安全技术交底制度

安全技术交底制度

一、为了贯彻"安全第一、预防为主、综合治理"的方针,保护国家、企业的财产免遭损失,保障职工的生命安全和施工生产安全得到全过程有效控制,特制定本制度。

二、施工现场各分项工程在施工作业前必须进行安全技术交底。

三、施工项目部必须对主体劳务分包单位和专业分包单位进行进场安全技术总交底。安全技术总交底由项目部技术负责人依据本工程实际特点进行。

四、工长(施工员)在安排分项工程生产任务的同时,必须向作业人员进行有针对性的安全技术交底。

五、各专业分包单位的安全技术交底,由各工程分包单位的施工管理人员向其作业人员进行作业前的安全技术交底工作。

六、安全技术交底使用范本时,应在补充底栏内填写有针对性的内容,按分项工程特点进行交底,此项内容不得缺失。

七、安全技术交底应按工程结构层次的变化反复进行,要针对每层结构的实际状况、工艺及工序,进行有针对性的安全技术交底。

八、安全技术交底必须履行交底认签手续,由交底人、被交底班组集体签字认可,不准代签或漏签。

九、安全技术交底必须准确填写交底作业部位和交底日期。

十、安全技术交底的记录文件,施工员必须及时提交给安全资料管理人员。安全资料管理人员要及时收集、整理和归档。

十一、施工现场安全管理人员必须认真履行检查、监督职责,协助执行安全技术交底工作,切实保证安全技术交底工作不流于形式,增强全体施工人员安全生产的事故防范意识和自我保护意识。

3.2 安全技术交底

安全技术交底登记表

工程名称：

序号	交底名称	交底人	接受人	日期

总包对分包的进场安全总交底

为了贯彻"安全第一、预防为主、综合治理"的方针,保护国家、企业的财产免遭损失,保障职工的生命安全和身体健康,保障施工生产的顺利进行,各施工单位必须认真执行以下要求:

1. 贯彻执行国家、行业的安全生产、劳动保护和消防工作的各类法规、条例、规定;遵守企业的各项安全生产制度、规定及要求。

2. 分包单位要服从总包单位的安全生产管理。分包单位负责人必须对本单位职工进行安全生产教育,以增强法制观念和提高职工的安全意识及自我保护能力,自觉遵守安全生产各项纪律、安全生产制度。

3. 分包单位应认真贯彻执行项目部的分部分项、分工种施工安全技术交底要求。分包单位的负责人必须检查具体施工人员落实情况,并进行经常性的监督、指导,确保施工安全。

4. 分包单位的负责人应对所属施工及生活区域的安全生产、文明施工等各方面工作全面负责。分包单位负责人离开现场,应指定专人负责,办理书面委托管理手续。分包单位负责人和被委托负责管理人员,应经常检查督促本单位职工自觉做好各方面工作。

5. 分包单位应按规定,认真开展班组安全活动。负责人应定期参加工地、班组的安全活动以及安全、防火、生活卫生等检查,并做好检查活动的有关记录。

6. 分包单位在施工期间必须接受总包方的检查、督促和指导。同时总包方应协助各分包单位搞好安全生产、防火管理。对于查出的隐患及问题,各分包单位必须限期整改。

7. 分包单位对各自所处施工区域、作业环境、安全防护设施、操作设施设备、工具等必须认真检查,发现问题和隐患,立即停止施工,落实整改。如本单位无能力落实整改的,应及时向总包汇报,由总包协调落实有关人员进行整改,确认安全后,方可施工。

8. 由总包提供的机械设备、脚手架等设施,在搭设、安装完毕交付使用前,总包须会同有关分包单位共同按规定验收,并做好移交使用的书面手续,严禁在未经验收或验收不合格的情况下投入使用。

9. 分包单位与总包单位如需相互借用或租赁各种设备以及工具的,应由双方有关人员办理借用或租赁手续,制定有关安全使用及管理制度。借出单位应保证借出的设备和工具完好并符合要求,借入单位必须进行检查,并做好书面移交记录。

10. 分包单位对于施工现场的脚手架、设施、设备的各种安全防护设施、保险装置、安全标志和警告牌等不得擅自拆除、变动。如确需拆除变动的,必须经总包施工负责人和安全管理人员同意,并采取必要、可靠的安全措施后方能拆除。

11. 特种作业及中小型机械的操作人员,必须按规定经有关部门培训、考核合格后,持有效证件上岗作业。起重吊装人员必须遵守"十不吊"规定,严禁违章、无证操作;严禁不懂电器、机械设备的人员,擅自操作使用电器、机械设备。

12. 各分包单位必须严格执行防火防爆制度,易燃易爆场所严禁吸烟及动用明火,消防器材不得挪作他用。电焊、气割作业应按规定办理动火审批手续,严格遵守"十不烧"规定,严禁使用电炉。冬期施工如必须采用明火加热的防冻措施时,应取得总包防火人员同意,落实防火、防中毒措施,并指派专人值班看护。

13.分包单位需用总包提供的电器设备时,在使用前应先进行检测,如不符合安全使用规定的,应及时向总包提出,总包应积极落实整改,整改合格后方准使用,严禁擅自乱拖乱拉私接电气电路及电气设备。

14.在施工过程中,分包单位应注意地下管线及高、低压架空线和通信设施、设备的保护。总包应将地下管线及障碍物情况向分包单位详细交底,分包单位应贯彻交底要求,如遇有问题或情况不明时要采取停止施工的保护措施,并及时向总包单位汇报。

15.贯彻"谁施工,谁负责安全、防火"的原则。分包单位在施工期间发生各类事故及事故苗头,应及时组织抢救伤员、保护现场,并立即向总包方和自己的上级单位汇报。

16.按本工程特点进行针对性交底。

进入现场所有人员,必须严格遵守施工现场安全生产规定和分部分项工程安全生产措施及各种规章制度,严禁违章行为,切实做到"安全生产"。

交底方:

总包单位＿＿＿＿＿＿＿＿＿　负责人＿＿＿＿＿＿＿　职务＿＿＿＿＿＿＿＿

接受交底方:

分包单位＿＿＿＿＿＿＿＿＿　负责人＿＿＿＿＿＿＿　职务＿＿＿＿＿＿＿＿

其他人员＿＿＿＿＿＿＿＿＿＿＿＿＿＿＿＿＿＿＿＿＿＿＿＿

　　　　　　　　　　　　　　　　　　　　　　　年　　　月　　　日

项目技术负责人对项目管理人员的安全技术总交底

为了确保工程项目安全管理目标:全年无死亡事故,杜绝重大伤亡事故,杜绝重大火灾、机械设备事故;一般事故发生频率降低到最低程度,健全项目部安全管理制度和落实安全管理技术交底措施,项目技术负责人特向各管理人员作以下几条安全技术交底。希望各位管理人员能够认真执行,确保此工程安全无事故,达到文明工地标准。

1.建筑施工安全检查标准按 JGJ 59—2011 标准执行。

2.文明工地检查执行标准按文明工地检查验收标准执行。

3.施工现场临时用电安全技术按 JGJ 46—2005 规范执行。

4.建筑施工扣件式钢管脚手架安全技术按 JGJ 130—2011 规范执行。

5.建筑施工模板安全技术按 JGJ 162—2008 规范执行。

6.建筑施工高处作业安全技术按 JGJ 80—91 规范执行。

7.施工升降机使用安全技术按 GB 10055—2007 规范执行。

8.建筑施工机械使用安全技术按 JGJ 33—2012 规程执行。

9.施工现场机械设备检查技术按 JGJ 160—2008 规程执行。

10.建筑塔式起重机操作使用安全技术按 GB 5144—2006 规程执行,塔式起重机操作使用按 JG/T 100—1999 规程执行。

11.建设工程施工现场消防安全技术按 GB 50720—2011 规范执行。

项目部施工员必须认真学习规范内容,在班组施工作业前进行安全技术交底,交底内容要对施工部位有针对性(班组未接到交底有权拒绝施工),安全员必须检查交底内容并监督执行。

施工员对作业队的安全交底内容不详细、无针对性(包括安全员对交底内容不检查、施工员不监督执行将给予处罚),班组、作业队未按安全技术交底内容进行作业,项目部将责令停工并给予经济处罚,对造成严重后果的将追究其法律责任。

交底人:

接受人: 年 月 日

项目技术负责人针对危险性较大工程
对项目管理人员安全技术交底记录

(略)

项目技术负责人对项目管理人员
季节性安全技术交底记录

(略)

安全技术交底

工程名称		分部分项工程	
施工部位		工种	

（一）施工现场安全生产规定：

1.严禁违章指挥,违章操作,违反劳动纪律。集中精力,坚守岗位,未经专业培训不得从事非本工种作业。

2.进入施工现场必须戴安全帽,悬(临)空作业必须系好安全带,严禁在高处向下投扔物料。

3.严禁酒后登高作业,禁止穿高跟鞋、拖鞋、赤脚进入施工现场。

4.禁止随意拆除、挪动各种防护装置、防护设施,安全标志、消防器材及电器设备等。

（二）分部分项工程安全生产措施：

（三）危险源的识别与控制措施：

1.机械伤害

2.触电事故

3.高空物坠落打击

4.临边作业

5.火灾预防

（四）环境因素的识别与控制措施：

交底人		安全员		交底日期	

被交底人签字：

第4章　安全检查

4.1　安全生产检查制度

安全生产检查制度

1. 企业各级安全生产检查由各级主管生产的领导组织,由生产、质量技术、设备、材料、人事、安全、保卫、工会等相关人员参加,对项目动态管理进行有目的、有计划的检查。做好记录,对查出的隐患提出措施,限期整改。

2. 定期检查(针对三级管理企业)

企业每季度进行一次安全生产大检查,平时实行巡查和抽查或随同值班领导进行安全检查。

公司每月组织一次安全大检查。

项目部应每周坚持一次安全检查。

各作业队应开展班前、班中查安全、班后讲安全工作。

总包在检查中发现分包单位施工中存在的事故隐患,及时通知分包单位进行整改排除。

3. 专业检查与季节检查

对锅炉、压力容器、大型土方处理、大型吊装、大型机械设备的安装与拆除、特殊施工、脚手架的搭设和复杂施工条件等均须组织专业性安全大检查。

对冬、雨季安全生产检查,必须在季节之前进行。

4. 经常性的安全生产检查。施工人员应注意和关心施工现场区域内的安全生产和工人遵章守纪情况,发现事故隐患,边查边改。班组长和班组安全员应坚持班前班中的安全岗位检查,各级专职安全员必须经常深入现场检查,发现问题随时处理解决。节假日(元旦、春节、劳动节、国庆节)前后对职工加强安全教育。对节假日加班的职工除进行教育外,同时还要认真检查操作现场安全设施的完备情况。

5. 安全检查的基本内容:依据《建筑施工安全检查标准》(JGJ 59—2011)检查考核,查制度,查责任制落实,查设备,查安全设施,查安全教育,查操作行为,查职业健康,查伤亡事故处理,查现场文明施工等。

6. 安全检查中要认真做好记录,经过检查对施工现场存在的事故隐患分类排队,限期整改。对重大事故隐患要责令停工,并定人、定时、定措施,立即整改。负责整改的单位,在整改完后要组织验收,并向企业安全管理部汇报,再派人进行复查,复查合格销案后方准施工。存在老问题但又屡查不改的单位,要对其领导进行经济处罚,并限期整改。

7. 查伤亡事故的调查和处理:发生伤亡事故必须按《企业职工伤亡事故报告和处理规定》的要求及时上报,保护现场,抢救伤员,并按"四不放过"的原则处理结案。认真吸取发生事故的教训,杜绝同类事故的再发生。

4.2　安全生产隐患排查治理制度

安全生产隐患排查治理制度

第一条　为了建立安全生产隐患排查治理长效机制,强化安全生产主体责任,加强安全隐患监督管理,预防和减少生产安全事故,保障项目部职工生命财产安全,根据《中华人民共和国安全生产法》、《陕西省质量安全生产管理条例》及企业相关管理办法等,制定本制度。

第二条　安全生产隐患(以下称安全隐患)是指违反安全生产法律、规章、标准、规程的规定,或者因其他因素在施工生产过程中存在可能导致事故发生的物的危险状态、人的不安全行为和管理上的缺陷。

安全生产隐患分为一般安全隐患和重大安全隐患。

一般安全隐患,是指危害和整改难度较小,发现后能够立即整改排除的隐患。

重大安全隐患,是指危害和整改难度较大,并经过一定时间整改治理方能排除的隐患。

第三条　项目部下属各劳务分包施工单位、班组、其他专业施工单位均应认真执行本制度。

第四条　任何个人发现劳务分包施工单位、班组、其他专业施工单位存在安全隐患,均有权向本项目部项目经理举报。

第五条　安全隐患的排查治理:

(一)项目部是安全隐患排查、治理和防控的责任主体。项目部根据施工进度和施工特点,由项目经理每周定期组织安全生产管理人员和其他专业施工单位负责人进行施工现场安全隐患排查,及时发现并排除各项施工工艺不安全、安全防护不到位、临电设施不规范、有带病运行的机械设备、设施,施工人员存在的各类违章违纪行为、管理人员存在有违章指挥或监管不到位及生产场所存在的其他各类安全隐患,保证不留空档,不留死角。

(二)项目经理对本项目安全隐患治理工作全面负责,并逐级落实从主要负责人到每个施工人员的隐患排查治理的范围和责任。

(三)项目部应依照有关法律法规和企业文件要求制订具体方案,对安全生产规章制度、落实责任、安全管理组织体系、资金投入、人员培训、劳动纪律、现场管理、防控手段、事故查处以及安全生产基本条件、工艺系统、基础设施、技术装备、作业环境等方面组织自查。

各劳务分包单位、专业分包单位每周也要定期排查一次安全隐患,并落实本单位各位管理人员、班组长,直到每一个职工的隐患排查治理工作责任。

(四)项目部应加强对自然灾害的预防。对于因自然灾害可能导致灾难的安全隐患,应当按照有关法律、法规、标准和本规定的要求,制订可靠的预防措施和应急预案。在接到有关自然灾害预报时,应及时向各劳务分包单位发出预警通知。对可能危及人员安全的情况时,应采取人员撤离、停止作业、加强监测等安全措施,并及时向公司有关领导报告。

(五)对一般安全隐患,各劳务分包单位接到项目部专职安全员下达的"项目隐患整改通知书"后,必须立即按整改措施、整改期限,指定具体责任人负责按期整改,整改完毕报项目安全员验收整改结果。

(六)对项目存在的重大安全隐患,项目经理应按规定及时上报,做好监控措施,并由项目经理组织制订重大安全隐患整改方案。上级部门发现重大安全隐患,在下达整改通知书后,由项目经理组织制订重大安全隐患整改方案。方案应落实整改责任人、整改期限、整改资金、监控措施、应急预案,切实按"五落实"要求进行整改。项目重大安全隐患的整改方案及整改情况应及时上报企业安全管理部。

第六条　安全隐患排查治理工作的监管:

(一)项目部应当按照有关法律、法规、规章、标准和规程的要求,建立健全安全隐患排查治理等各项制度,依预定要求积极进行隐患排查治理工作,发现存在难以解决的重大安全隐患,应及时报告单位或企业安全管理部门。

(二)项目部专职安全员应对本项目的一般安全隐患下达"项目隐患整改通知书",对重大安全隐患下达"重大安全隐患排查治理通知书",并对整改结果进行复查,对不能积极按期进行重大安全隐患整改的分包单位应请示项目经理下达停产指令。

(三)项目部每周召开一次安全会议,总结、通报本周各单位安全生产隐患排查治理工作情况,研究解决安全管理、隐患排查工作中存在的问题,安排下周安全管理、隐患排查治理阶段性工作。

(四)项目部专职安全员应做好日常施工现场安全监管工作,随时对整个施工现场、各劳务分包单位施工安全生产情况进行检查,安全隐患应及时依规查处并报告。

第七条　安全隐患排查治理的报告:

(一)对于上级部门下达的整改通知,在整改完毕后,及时书面回复整改结果。

(二)项目部应每月对本项目安全隐患排查治理情况进行统计分析,总结安全隐患排查治理工作,并向各劳务施工单位通报工作情况,提出下阶段安全隐患排查治理工作要点。

第八条　重大安全隐患的公示公告:

(一)项目部对自查和上级部门检查发现的重大安全隐患、重大危险源要予以公示。

(二)项目部应主动接受上级各有关部门的监督,及时公开重大安全隐患的治理情况。

第九条　重大安全隐患的跟踪督办:

(一)项目部对重大安全隐患整改,要落实跟踪督办的责任人。责任人应及时跟踪检查有关安全防范和监控措施的落实情况,掌握整改进度,督促整改单位按整改方案对重大安全隐患进行治理,彻底消除重大安全隐患。

(二)上级部门提出的重大安全隐患整改结束后,项目部应向上级部门提出验收申请,接受现场核查。

第十条　项目部应当按照企业和本项目的有关规定,对未定期排查安全隐患或未及时有效整改安全隐患的单位和个人,实施责任追究;对在隐患排查治理工作中成绩突出的单位和个人给予奖励。

4.3　安全检查检测工具

检测工具清单

工程名称：

序号	名称	规格型号	制造厂名	出厂编号	管理类别	检定日期	检定结果	使用部门	备注

编制人：　　　　　　　　　　　　　　　　日期：

检测工具校准汇总表

工程名称：

序号	名称	规格型号	校准日期	校准结果	校准部门	使用部门	备注

检测工具校准记录

工程名称：

名称		执手人	
校准过程：			

校准人：　　　　　　　　　　　　　　　　　　　　　年　　月　　日

使用人			年　　月　　日

4.4　上级检查、监督、整改及整改回复报告

上级检查、监督、整改及整改回复报告登记表

施工单位			工程名称			
序号	整改单下发单位	要求整改主要内容	检查日期	要求回执时间	回执时间	备　注
登记人				登记时间		

安全隐患整改报告单

报告单位		工程名称	

致＿＿＿＿＿＿＿＿＿＿＿＿＿＿＿＿＿＿＿：

　　根据贵部　　　年　月　日　　　　号整改通知要求,所要求整改的内容已整改完毕,现将整改情况报告如下:

　　　　　　　　　　　　　　　　　　　　　　　　　负责人:

　　　　　　　　　　　　　　　　　　　　　　　　　　　　年　　月　日

复查情况:

　　　　　　　　　　　　　　　　　　　　　　　复查负责人:
　　　　　　　　　　　　　　　　　　　　　　　　　　年　月　日

注:1. 整改单(包括政府部门、监理、企业、公司)后附整改报告单。

　　2. 应按"三定"要求报告整改落实情况,不能简单填写"已按要求整改"。

4.5　项目安全自查记录

定期安全检查记录表

检查类型：

工程名称		检查日期	
检查项目或部位			
检查人员			

检查记录及结论：

　　　　　　　　　　　　　　　　　　记录人：

　　　　　　　　　　　　　　　　　　　　　　年　月　日

整改措施：

　　　　　　　　　　　　　　　　　　负责人：

　　　　　　　　　　　　　　　　　　　　　　年　月　日

验证结果：

　　　　　　　　　　　　　　　　　　负责人：

　　　　　　　　　　　　　　　　　　　　　　年　月　日

注：定期安全检查的内容包括目标、职责、管理方案、专项施工方案交底落实等。

专项安全检查记录表

检查类型：

工程 名称		检查 日期	
检查项目 或部位			
检查 人员			

检查记录及结论：

记录人：

年　月　日

整改措施：

负责人：

年　月　日

验证结果：

负责人：

年　月　日

注：专项安全检查包括防火、机械、脚手架、临电、模板工程等。

季节性、节假日安全检查记录表

检查类型：

工程 名称		检查 日期	
检查项目 或部位			
检查 人员			

检查记录及结论：

记录人：

　　　　　　　　　年　　月　　日

整改措施：

负责人：

　　　　　　　　　年　　月　　日

验证结果：

负责人：

　　　　　　　　　年　　月　　日

注：季节性安全检查包括防寒保暖、防暑降温、防台防汛等；节假日安全检查包括节前节后。

项目日常巡查记录

日　期	内　容	巡查人
日 / 月		
日 / 月		
日 / 月		
日 / 月		
日 / 月		
日 / 月		
日 / 月		
日 / 月		
日 / 月		

安全隐患整改通知书

工程名称		施工单位	
受检单位（班组）		检查日期	年　月　日
隐患情况			
整改措施			
接收人		检查人	
复查意见			
复查人		复查时间	

重大安全隐患排查治理通知书

工程名称：　　　　　　施工单位：　　　　　　编号：

检查人员签名	姓名					
	部门					
	职务（职称）					

检查情况及存在的隐患：

整改要求：

检查日期：

整改期限		整改班组（部门）	
整改责任人		项目(劳务)安全员	

复查意见	
	复查人签名：　　　　　　复查日期：

建筑施工安全检查评分汇总表

企业名称：

资质等级：

项目名称及分值

年　月　日

单位工程（施工现场）名称	建筑面积（m²）	结构类型	总计得分（满分分值100分）	安全管理（满分10分）	文明施工（满分15分）	脚手架（满分10分）	基坑工程（满分10分）	模板支架（满分10分）	高处作业（满分10分）	施工用电（满分10分）	物料提升机与施工升降机（满分10分）	塔式起重机与起重吊装（满分10分）	施工机具（满分5分）

评语：

检查单位		负责人		受检项目		项目经理	

安全管理检查评分表

序号	检查项目		扣分标准	应得分数	扣减分数	实得分数
1	保证项目	安全生产责任制	未建立安全生产责任制,扣10分; 安全生产责任制未经责任人签字确认,扣3分; 未配备各工种安全技术操作规程,扣2~10分; 未按规定配备专职安全员,扣2~10分; 工程项目部承包合同中未明确安全生产考核指标,扣5分; 未制定安全生产资金保障制度,扣5分; 未编制安全资金使用计划或未按计划实施,扣2~5分; 未制定伤亡控制、安全达标、文明施工等管理目标,扣5分; 未进行安全责任目标分解,扣5分; 未建立对安全生产责任制和责任目标的考核制度,扣5分; 未按考核制度对管理人员定期考核,扣2~5分	10		
2		施工组织设计及专项施工方案	施工组织设计中未制定安全技术措施,扣10分; 危险性较大的分部分项工程未编制安全专项施工方案,扣10分; 未按规定对超过一定规模危险性较大的分部分项工程专项施工方案进行专家论证,扣10分; 施工组织设计、专项施工方案未经审批,扣10分; 安全技术措施、专项施工方案无针对性或缺少设计计算,扣2~8分; 未按施工组织设计、专项施工方案组织实施,扣2~10分	10		
3		安全技术交底	未进行书面安全技术交底,扣10分; 未按分部分项进行交底,扣5分; 交底内容不全面或针对性不强,扣2~5分; 交底未履行签字手续,扣4分	10		
4		安全检查	未建立安全检查制度,扣10分; 没有安全检查记录,扣5分; 事故隐患的整改未做到定人、定时间、定措施,扣2~6分; 对重大事故隐患整改通知书所列项目未按期整改和复查,扣5~10分	10		
5		安全教育	未建立安全教育培训制度,扣10分; 施工人员入场未进行三级安全教育培训和考核,扣5分; 未明确具体安全教育培训内容,扣2~8分; 变换工种或采用新技术、新工艺、新设备、新材料施工时未进行安全教育,扣5分; 施工管理人员、专职安全员未按规定进行年度教育培训和考核,每人扣2分	10		

续表

序号	检查项目		扣分标准	应得分数	扣减分数	实得分数
6	保证项目	应急救援	未制定安全生产应急救援预案,扣10分; 未建立应急救援组织或未按规定配备救援人员,扣2~6分; 未定期进行应急救援演练,扣5分; 未配置应急救援器材和设备,扣5分	10		
		小计		60		
7	一般项目	分包单位安全管理	分包单位资质、资格、分包手续不全或失效,扣10分; 未签订安全生产协议书,扣5分; 分包合同、安全生产协议书,签字盖章手续不全,扣2~6分; 分包单位未按规定建立安全机构或未配备专职安全员,扣2~6分	10		
8		持证上岗	未经培训从事施工、安全管理和特种作业,每人扣5分; 项目经理、专职安全员和特种作业人员未持证上岗,每人扣2分	10		
9		生产安全事故处理	生产安全事故未按规定报告,扣10分; 生产安全事故未按规定进行调查分析、制定防范措施,扣10分; 未依法为施工作业人员办理保险,扣5分	10		
10		安全标志	主要施工区域、危险部位未按规定悬挂安全标志,扣2~6分; 未绘制现场安全标志布置图,扣3分; 未按部位和现场设施的变化调整安全标志设置,扣2~6分; 未设置重大危险源公示牌,扣5分	10		
		小计		40		
检查项目合计				100		

文明施工检查评分表

序号	检查项目		扣分标准	应得分数	扣减分数	实得分数
1		现场围挡	市区主要路段的工地未设置封闭围挡或围挡高度小于2.5 m,扣5~10分; 一般路段的工地未设置封闭围挡或围挡高度小于1.8 m,扣5~10分; 围挡未达到坚固、稳定、整洁、美观,扣5~10分	10		
2		封闭管理	施工现场进出口未设置大门,扣10分; 未设置门卫室,扣5分; 未建立门卫值守管理制度或未配备门卫值守人员,扣2~6分; 施工人员进入施工现场未佩戴工作卡,扣2分; 施工现场出入口未标有企业名称或标志,扣2分; 未设置车辆冲洗设施,扣3分	10		
3	保证项目	施工场地	施工现场主要道路及材料加工区地面未进行硬化处理,扣5分; 施工现场道路不畅通、路面不平整坚实,扣5分; 施工现场未采取防尘措施,扣5分; 施工现场未设置排水设施或排水不通畅、有积水,扣5分; 未采取防止泥浆、污水、废水污染环境措施,扣2~10分; 未设置吸烟处、随意吸烟,扣5分; 温暖季节未进行绿化布置,扣3分	10		
4		材料管理	建筑材料、构件、料具未按总平面布局码放,扣4分; 材料码放不整齐,未标明名称、规格,扣2分; 施工现场材料存放未采取防火、防锈蚀、防雨措施,扣3~10分; 建筑物内施工垃圾的清运未使用器具或管道运输,扣5分; 易燃易爆物品未分类储藏在专用库房、未采取防火措施,扣5~10分	10		
5		现场办公与住宿	施工作业区、材料存放区与办公、生活区未采取隔离措施,扣6分; 宿舍、办公用房防火等级不符合有关消防安全技术规范要求,扣10分; 在施工程、伙房、库房兼作住宿,扣10分; 宿舍未设置可开启式窗户,扣4分; 宿舍未设置床铺、床铺超过2层或通道宽度小于0.9 m,扣2~6分; 宿舍人均面积或人员数量不符合规范要求,扣5分; 冬季宿舍内未采取采暖和防一氧化碳中毒措施,扣5分; 夏季宿舍内未采取防暑降温和防蚊蝇措施,扣5分; 生活用品摆放混乱、环境卫生不符合要求,扣3分	10		

续表

序号	检查项目		扣分标准	应得分数	扣减分数	实得分数
6	保证项目	现场防火	施工现场未制定消防安全管理制度、消防措施,扣10分; 施工现场的临时用房和作业场所的防火设计不符合规范要求,扣10分; 施工现场消防通道、消防水源的设置不符合规范要求,扣5~10分; 施工现场灭火器材布局、配置不合理或灭火器材失效,扣5分; 未办理动火审批手续或未指定动火监护人员,扣5~10分	10		
		小计		60		
7	一般项目	综合治理	生活区未设置供作业人员学习和娱乐的场所,扣2分; 施工现场未建立治安保卫制度或责任未分解到人,扣3~5分; 施工现场未制定治安防范措施,扣5分;	10		
8		公示标牌	大门口处设置的公示标牌内容不齐全,扣2~8分; 标牌不规范、不整齐,扣3分; 未设置安全标语,扣3分; 未设置宣传栏、读报栏、黑板报,扣2~4分	10		
9		生活设施	未建立卫生责任制度,扣5分; 食堂与厕所、垃圾站、有毒有害场所的距离不符合规范要求,扣2~6分; 食堂未办理卫生许可证或未办理炊事人员健康证,扣5分; 食堂使用的燃气罐未单独设置存放间或存放间通风条件不良,扣2~4分; 食堂未配备排风、冷藏、消毒、防鼠、防蚊蝇等设施,扣4分; 厕所内的设施数量和布局不符合规范要求,扣2~6分; 厕所卫生未达到规定要求,扣4分; 不能保证现场人员卫生饮水,扣5分; 未设置淋浴室或淋浴室不能满足现场人员需求,扣4分; 生活垃圾未装容器或未及时清理,扣3~5分	10		
10		社区服务	夜间未经许可施工,扣8分; 施工现场焚烧各类废弃物,扣8分; 施工现场未制定防粉尘、防噪声、防光污染等措施,扣5分; 未制定施工不扰民措施,扣5分	10		
		小计		40		
检查项目合计				100		

扣件式钢管脚手架检查评分表

序号	检查项目		扣分标准	应得分数	扣减分数	实得分数
1	保证项目	施工方案	架体搭设未编制专项施工方案或未按规定审核、审批,扣 10 分; 架体结构设计未进行设计计算,扣 10 分; 架体搭设超过规范允许高度,专项施工方案未按规定组织专家论证,扣 10 分	10		
2		立杆基础	立杆基础不平、不实、不符合专项施工方案要求,扣 5 ~ 10 分; 立杆底部缺少底座、垫板或垫板的规格不符合规范要求,每处扣 2 ~ 5 分; 未按规范要求设置纵、横向扫地杆,扣 5 ~ 10 分; 扫地杆的设置和固定不符合规范要求,扣 5 分; 未采取排水措施,扣 8 分	10		
3		架体与建筑结构拉结	架体与建筑结构拉结方式或间距不符合规范要求,每处扣 2 分; 架体底层第一步纵向水平杆处未按规定设置连墙件或未采用其他可靠措施固定,每处扣 2 分; 搭设高度超过 24 m 的双排脚手架,未采用刚性连墙件与建筑结构可靠连接,扣 10 分	10		
4		杆件间距与剪刀撑	立杆、纵向水平杆、横向水平杆间距超过设计或规范要求,每处扣 2 分; 未按规定设置纵向剪刀撑或横向斜撑,每处扣 5 分; 剪刀撑未沿脚手架高度连续设置或角度不符合规范要求,扣 5 分; 剪刀撑斜杆的接长或剪刀撑斜杆与架体杆件固定不符合规范要求,每处扣 2 分	10		
5		脚手板与防护栏杆	脚手板未满铺或铺设不牢、不稳,扣 5 ~ 10 分; 脚手板规格或材质不符合规范要求,扣 5 ~ 10 分; 每有一处探头板,扣 2 分; 架体外侧未设置密目式安全网封闭或网间连接不严,扣 5 ~ 10 分; 作业层防护栏杆不符合规范要求,扣 5 分; 作业层未设置高度不小于 180 mm 的挡脚板,扣 3 分	10		

续表

序号	检查项目		扣分标准	应得分数	扣减分数	实得分数
6	保证项目	交底与验收	架体搭设前未进行交底或交底没有文字记录,扣5~10分; 架体分段搭设、分段使用未进行分段验收,扣5分; 架体搭设完毕未办理验收手续,扣10分; 验收内容未进行量化,或未经责任人签字确认,扣5分	10		
		小计		60		
7	一般项目	横向水平杆设置	未在立杆与纵向水平杆交点处设置横向水平杆,每处扣2分; 未按脚手板铺设的需要增加设置横向水平杆,每处扣2分; 双排脚手架横向水平杆只固定一端,每处扣2分; 单排脚手架横向水平杆插入墙内小于180 mm,每处扣2分	10		
8		杆件连接	纵向水平杆搭接长度小于1 m或固定不符合要求,每处扣2分; 立杆除顶层顶步外采用搭接,每处扣4分; 扣件紧固力矩小于40 N·m或大于65 N·m,每处扣2分	10		
9		层间防护	作业层脚手板下未采用安全平网兜底或作业层以下每隔10 m未采用安全平网封闭,扣5分; 作业层与建筑物之间未按规定进行封闭,扣5分	10		
10		构配件材质	钢管直径、壁厚、材质不符合要求,扣5~10分; 钢管弯曲、变形、锈蚀严重,扣10分; 扣件未进行复试或技术性能不符合标准,扣5分	5		
11		通道	未设置人员上下专用通道,扣5分; 通道设置不符合要求,扣2分	5		
		小计		40		
检查项目合计				100		

门式钢管脚手架检查评分表

序号	检查项目		扣分标准	应得分数	扣减分数	实得分数
1	保证项目	施工方案	未编制专项施工方案或未进行设计计算,扣10分; 专项施工方案未按规定审核、审批,扣10分; 架体搭设超过规范允许高度,专项施工方案未组织专家论证,扣10分	10		
2		架体基础	架体基础不平、不实,不符合专项施工方案要求,扣5~10分; 架体底部未设置垫板或垫板的规格不符合要求,扣2~5分; 架体底部未按规范要求设置底座,每处扣2分; 架体底部未按规范要求设置扫地杆,扣5分; 未采取排水措施,扣8分	10		
3		架体稳定	架体与建筑物结构拉结方式或间距不符合规范要求,每处扣2分; 未按规范要求设置剪刀撑,扣10分; 门架立杆垂直偏差超过规范要求,扣5分; 交叉支撑的设置不符合规范要求,每处扣2分	10		
4		杆件锁臂	未按规定组装或漏装杆件、锁臂,扣2~6分; 未按规范要求设置纵向水平加固杆,扣10分; 扣件与连接的杆件参数不匹配,每处扣2分	10		
5		脚手板	脚手板未满铺或铺设不牢、不稳,扣5~10分; 脚手板规格或材质不符合要求,扣5~10分; 采用挂扣式钢脚手板时挂钩未挂扣在横向水平杆上或挂钩未处于锁住状态,每处扣2分	10		
6		交底与验收	脚手架搭设前未进行交底或交底没有文字记录,扣5~10分; 脚手架分段搭设、分段使用未办理分段验收,扣6分; 架体搭设完毕未办理验收手续,扣10分; 验收内容未进行量化,或未经责任人签字确认,扣5分	10		
		小计		60		
7	一般项目	架体防护	作业层防护栏杆不符合规范要求,扣5分; 作业层未设置高度不小于180 mm的挡脚板,扣3分; 脚手架外侧未设置密目式安全网封闭或网间连接不严,扣5~10分; 作业层脚手板下未采用安全平网兜底或作业层以下每隔10 m未采用安全平网封闭,扣5分	10		
8		构配件材质	杆件变形、锈蚀严重,扣10分; 门架局部开焊,扣10分; 构配件的规格、型号、材质或产品质量不符合规范要求,扣5~10分	10		
9		荷载	施工荷载超过设计规定,扣10分; 荷载堆放不均匀,每处扣5分	10		
10		通道	未设置人员上下专用通道,扣10分; 通道设置不符合要求,扣5分	10		
		小计		40		
检查项目合计				100		

碗扣式钢管脚手架检查评分表

序号	检查项目		扣分标准	应得分数	扣减分数	实得分数
1		施工方案	未编制专项施工方案或未进行设计计算,扣10分; 专项施工方案未按规定审核、审批,扣10分; 架体搭设超过规范允许高度,专项施工方案未组织专家论证,扣10分	10		
2		架体基础	基础不平、不实,不符合专项施工方案要求,扣5~10分; 架体底部未设置垫板或垫板的规格不符合要求,扣2~5分; 架体底部未按规范要求设置底座,每处扣2分; 架体底部未按规范要求设置扫地杆,扣5分; 未采取排水措施,扣8分	10		
3	保证项目	架体稳定	架体与建筑结构未按规范要求拉结,每处扣2分; 架体底层第一步水平杆处未按规范要求设置连墙件或未采用其他可靠措施固定,每处扣2分; 连墙件未采用刚性杆件,扣10分; 未按规范要求设置竖向专用斜杆或八字形斜撑,扣5分; 竖向专用斜杆两端未固定在纵、横向水平杆与立杆汇交的碗扣节点处,每处扣2分; 竖向专用斜杆或八字形斜撑未沿脚手架高度连续设置或角度不符合要求,扣5分	10		
4		杆件锁件	立杆间距、水平杆步距超过设计或规范要求,每处扣2分; 未按专项施工方案设计的步距在立杆连接碗扣节点处设置纵、横向水平杆,每处扣2分; 架体搭设高度超过24 m时,顶部24 m以下的连墙件层未按规定设置水平斜杆,扣10分; 架体组装不牢或上碗扣紧固不符合要求,每处扣2分	10		
5		脚手板	脚手板未满铺或铺设不牢、不稳,扣5~10分; 脚手板规格或材质不符合要求,扣5~10分; 采用挂扣式钢脚手板时挂钩未挂扣在横向水平杆上或挂钩未处于锁住状态,每处扣2分	10		

续表

序号	检查项目		扣分标准	应得分数	扣减分数	实得分数
6	保证项目	交底与验收	架体搭设前未进行交底或交底没有文字记录,扣5~10分; 架体分段搭设、分段使用未进行分段验收,扣5分; 架体搭设完毕未办理验收手续,扣10分; 验收内容未进行量化,或未经责任人签字确认,扣5分	10		
		小计		60		
7	一般项目	架体防护	架体外侧未采用密目式安全网封闭或网间连接不严,扣5~10分; 作业层防护栏杆不符合规范要求,扣5分; 作业层外侧未设置高度不小于180 mm的挡脚板,扣3分; 作业层脚手板下未采用安全平网兜底或作业层以下每隔10 m未采用安全平网封闭,扣5分	10		
8		构配件材质	杆件弯曲、变形、锈蚀严重,扣10分; 钢管、构配件的规格、型号、材质或产品质量不符合规范要求,扣5~10分	10		
9		荷载	施工荷载超过设计规定,扣10分; 荷载堆放不均匀,每处扣5分	10		
10		通道	未设置人员上下专用通道,扣10分; 通道设置不符合要求,扣5分	10		
		小计		40		
检查项目合计				100		

承插型盘扣式钢管脚手架检查评分表

序号	检查项目		扣分标准	应得分数	扣减分数	实得分数
1		施工方案	未编制专项施工方案或未进行设计计算,扣10分; 专项施工方案未按规定审核、审批,扣10分	10		
2		架体基础	架体基础不平、不实、不符合专项施工方案要求,扣5~10分; 架体立杆底部缺少垫板或垫板的规格不符合规范要求,每处扣2分; 架体立杆底部未按要求设置底座,每处扣2分; 未按规范要求设置纵、横向扫地杆,扣5~10分; 未采取排水措施,扣8分	10		
3	保证项目	架体稳定	架体与建筑结构未按规范要求拉结,每处扣2分; 架体底层第一步水平杆处未按规范要求设置连墙件或未采用其他可靠措施固定,每处扣2分; 连墙件未采用刚性杆件,扣10分; 未按规范要求设置竖向斜杆或剪刀撑,扣5分; 竖向斜杆两端未固定在纵、横向水平杆与立杆汇交的盘扣节点处,每处扣2分; 斜杆或剪刀撑未沿脚手架高度连续设置或角度不符合45°~60°的要求,扣5分	10		
4		杆件设置	架体立杆间距、水平杆步距超过设计或规范要求,每处扣2分; 未按专项施工方案设计的步距在立杆连接盘处设置纵、横向水平杆,每处扣2分; 双排脚手架的每步水平杆层,当无挂扣钢脚手板时未按规范要求设置水平斜杆,扣5~10分	10		
5		脚手板	脚手板不满铺或铺设不牢、不稳,扣5~10分; 脚手板规格或材质不符合要求,扣5~10分; 采用挂扣式钢脚手板时挂钩未挂扣在水平杆上或挂钩未处于锁住状态,每处扣2分	10		

续表

序号	检查项目		扣分标准	应得分数	扣减分数	实得分数
6	保证项目	交底与验收	脚手架搭设前未进行交底或交底没有文字记录,扣 5~10 分; 脚手架分段搭设、分段使用未进行分段验收,扣 5 分; 架体搭设完毕未办理验收手续,扣 10 分; 验收内容未进行量化,或未经责任人签字确认,扣 5 分	10		
		小计		60		
7	一般项目	架体防护	架体外侧未采用密目式安全网封闭或网间连接不严,扣 5~10 分; 作业层防护栏杆不符合规范要求,扣 5 分; 作业层外侧未设置高度不小于 180 mm 的挡脚板,扣 3 分; 作业层脚手板下未采用安全平网兜底或作业层以下每隔 10 m 未采用安全平网封闭,扣 5 分	10		
8		杆件连接	立杆竖向接长位置不符合要求,每处扣 2 分; 剪刀撑的斜杆接长不符合要求,扣 8 分	10		
9		构配件材质	钢管、构配件的规格、型号、材质或产品质量不符合规范要求,扣 5 分; 钢管弯曲、变形、锈蚀严重,扣 10 分	10		
10		通道	未设置人员上下专用通道,扣 10 分; 通道设置不符合要求,扣 5 分	10		
		小计		40		
检查项目合计				100		

满堂脚手架检查评分表

序号	检查项目		扣分标准	应得分数	扣减分数	实得分数
1	保证项目	施工方案	未编制专项施工方案或未进行设计计算,扣10分; 专项施工方案未按规定审核、审批,扣10分	10		
2		架体基础	架体基础不平、不实、不符合专项施工方案要求,扣5~10分; 架体底部未设置垫板或垫板的规格不符合规范要求,每处扣2~5分; 架体底部未按规范要求设置底座,每处扣2分; 架体底部未按规范要求设置扫地杆,扣5分; 未采取排水措施,扣8分	10		
3		架体稳定	架体四周与中间未按规范要求设置竖向剪刀撑或专用斜杆,扣10分; 未按规范要求设置水平剪刀撑或专用水平斜杆,扣10分; 架体高宽比超过规范要求时未采取与结构拉结或其他可靠的稳定措施,扣10分	10		
4		杆件锁件	架体立杆间距、水平杆步距超过设计和规范要求每处扣2分; 杆件接长不符合要求,每处扣2分; 架体搭设不牢或杆件结点紧固不符合要求,每处扣2分	10		
5		脚手板	脚手板不满铺或铺设不牢、不稳,扣5~10分; 脚手板规格或材质不符合要求,扣5~10分; 采用挂扣式钢脚手板时挂钩未挂扣在水平杆上或挂钩未处于锁住状态,每处扣2分	10		
6		交底与验收	架体搭设前未进行交底或交底没有文字记录,扣5~10分; 架体分段搭设、分段使用未进行分段验收,扣5分; 架体搭设完毕未办理验收手续,扣10分; 验收内容未进行量化,或未经责任人签字确认,扣5分	10		
		小计		60		
7	一般项目	架体防护	作业层防护栏杆不符合规范要求,扣5分; 作业层外侧未设置高度不小于180 mm的挡脚板,扣3分; 作业层脚手板下未采用安全平网兜底或作业层以下每隔10 m未采用安全平网封闭,扣5分	10		
8		构配件材质	钢管、构配件的规格、型号、材质或产品质量不符合规范要求,扣5~10分; 杆件弯曲、变形、锈蚀严重,扣10分	10		
9		荷载	架体的施工荷载超过设计和规范要求,扣10分; 荷载堆放不均匀,每处扣5分	10		
10		通道	未设置人员上下专用通道,扣10分; 通道设置不符合要求,扣5分	10		
		小计		40		
检查项目合计				100		

悬挑式脚手架检查评分表

序号	检查项目		扣分标准	应得分数	扣减分数	实得分数
1	保证项目	施工方案	未编制专项施工方案或未进行设计计算,扣10分; 专项施工方案未按规定审核、审批,扣10分; 架体搭设超过规范允许高度,专项施工方案未按规定组织专家论证,扣10分	10		
2		悬挑钢梁	钢梁截面高度未按设计确定或截面型式不符合设计和规范要求,扣10分; 钢梁固定段长度小于悬挑段长度的1.25倍,扣5分; 钢梁外端未设置钢丝绳或钢拉杆与上一层建筑结构拉结,每处扣2分; 钢梁与建筑结构锚固措施不符合设计和规范要求,每处扣5分; 钢梁间距未按悬挑架体立杆纵距设置,扣5分	10		
3		架体稳定	立杆底部与悬挑钢梁连接处未采取可靠固定措施,每处扣2分; 承插式立杆接长未采取螺栓或销钉固定,每处扣2分; 纵横向扫地杆的设置不符合规范要求,扣5~10分; 未在架体外侧设置连续式剪刀撑,扣10分; 未按规定设置横向斜撑,扣5分; 架体未按规定与建筑结构拉结,每处扣5分	10		
4		脚手板	脚手板规格、材质不符合要求,扣5~10分; 脚手板未满铺或铺设不严、不牢、不稳,扣5~10分; 有探头板,每处扣2分	10		
5		荷载	脚手架施工荷载超过设计规定,扣10分; 施工荷载堆放不均匀,每处扣5分	10		

续表

序号	检查项目		扣分标准	应得分数	扣减分数	实得分数
6	保证项目	交底与验收	架体搭设前未进行交底或交底没有文字记录,扣5~10分; 架体分段搭设、分段使用未进行分段验收,扣6分; 架体搭设完毕未办理验收手续,扣10分; 验收内容未进行量化,或未经责任人签字确认,扣5分	10		
		小计		60		
7	一般项目	杆件间距	立杆间距、纵向水平杆步距超过设计或规范要求,每处扣2分; 未在立杆与纵向水平杆交点处设置横向水平杆,每处扣2分; 未按脚手板铺设的需要增加设置横向水平杆,每处扣2分	10		
8		架体防护	作业层防护栏杆不符合规范要求,扣5分; 作业层架体外侧未设置高度不小于180 mm的挡脚板,扣3分; 架体外侧未采用密目式安全网封闭或网间不严,扣5~10分	10		
9		层间防护	作业层脚手板下未采用安全平网兜底或作业层以下每隔10 m未采用安全平网封闭,扣5分; 作业层与建筑物之间未进行封闭,扣5分; 架体底层沿建筑结构边缘,悬挑钢梁之间未采取封闭措施或封闭不严,扣2~8分; 架体底层未进行封闭或封闭不严,扣10分	10		
10		构配件材质	型钢、钢管、构配件规格及材质不符合规范要求,扣5~10分; 型钢、钢管、构配件弯曲、变形、锈蚀严重,扣10分	10		
		小计		40		
检查项目合计				100		

附着式升降脚手架检查评分表

序号	检查项目		扣分标准	应得分数	扣减分数	实得分数
1	保证项目	施工方案	未编制专项施工方案或未进行设计计算,扣10分; 专项施工方案未按规定审核、审批,扣10分; 脚手架提升超过规定允许高度,专项施工方案未按规定组织专家论证,扣10分	10		
2		安全装置	未采用防坠落装置或技术性能不符合规范要求,扣10分; 防坠落装置与升降设备未分别独立固定在建筑结构上,扣10分; 防坠落装置未设置在竖向主框架处并与建筑结构附着,扣10分; 未安装防倾覆装置或防倾覆装置不符合规范要求,扣5～10分; 升降或使用工况,最上和最下两个防倾覆装置之间的最小间距不符合规范要求,扣10分; 未安装同步控制装置或技术性能不符合规范要求,扣10分	10		
3		架体构造	架体高度大于5倍楼层高,扣10分; 架体宽度大于1.2 m,扣5分; 直线布置的架体支撑跨度大于7 m或折线、曲线布置的架体支撑跨度的外侧距离大于5.4 m,扣5分; 架体的水平悬挑长度大于2 m或大于跨度1/2,扣10分; 架体悬臂高度大于架体高度2/5或大于6 m,扣10分; 架体全高与支撑跨度的乘积大于110 m^2,扣10分	10		
4		附着支座	未按竖向主框架所覆盖的每个楼层设置一道附着支座,扣10分; 使用工况未将竖向主框架与附着支座固定,扣10分; 升降工况未将防倾、导向装置设置在附着支座上,扣10分; 附着支座与建筑结构连接固定方式不符合规范要求,扣10分	10		
5		架体安装	主框架及水平支承桁架的节点未采用焊接、螺栓连接或各杆件轴线未交会于节点,扣10分; 水平支承桁架的上弦及下弦之间设置的水平支撑杆件未采用焊接或螺栓连接,扣5分; 架体立杆底端未设置在水平支承桁架上弦杆件节点处,扣10分; 竖向主框架组装高度低于架体高度,扣5分; 架体外立面设置的连续式剪刀撑未将竖向主框架、水平支承桁架和架体构架连成一体,扣8分	10		

续表

序号	检查项目		扣分标准	应得分数	扣减分数	实得分数
6	保证项目	架体升降	两跨及以上架体升降采用手动升降设备,扣10分; 升降工况附着支座与建筑结构连接处混凝土强度未达到设计和规范要求,扣10分; 升降工况架体上有施工荷载或有人员停留,扣10分	10		
		小计		60		
7	一般项目	检查验收	主要构配件进场未进行验收,扣6分; 分区段安装、分区段使用未进行分区段验收,扣8分; 架体搭设完毕未办理验收手续,扣10分; 验收内容未进行量化,或未经责任人签字确认,扣5分; 架体提升前没有检查记录,扣6分; 架体提升后、使用前未履行验收手续或资料不全,扣2~8分	10		
8		脚手板	脚手板未满铺或铺设不严、不牢,扣3~5分; 作业层与建筑结构之间空隙封闭不严,扣3~5分; 脚手板规格、材质不符合要求,扣5~10分	10		
9		架体防护	脚手架外侧未采用密目式安全网封闭或网间连接不严,扣5~10分; 作业层防护栏杆不符合规范要求,扣5分; 作业层未设置高度不小于180 mm的挡脚板,扣3分	10		
10		安全作业	操作前未向有关技术人员和作业人员进行安全技术交底或交底没有文字记录,扣5~10分; 作业人员未经培训或未定岗定责,扣5~10分; 安装拆除单位资质不符合要求或特种作业人员未持证上岗,扣5~10分; 安装、升降、拆除时未设置安全警戒区及专人监护,扣10分; 荷载不均匀或超载,扣5~10分	10		
		小计		40		
检查项目合计				100		

高处作业吊篮检查评分表

序号	检查项目		扣分标准	应得分数	扣减分数	实得分数
1	保证项目	施工方案	未编制专项施工方案或未对吊篮支架支撑处结构的承载力进行验算,扣10分; 专项施工方案未按规定审核、审批,扣10分	10		
2		安全装置	未安装防坠安全锁或安全锁失灵,扣10分; 防坠安全锁超过标定期限仍在使用,扣10分; 未设置挂设安全带专用安全绳及安全锁扣或安全绳未固定在建筑物可靠位置,扣10分; 吊篮未安装上限位装置或限位装置失灵,扣10分	10		
3		悬挂机构	悬挂机构前支架支撑在建筑物女儿墙上或挑檐边缘,扣10分; 前梁外伸长度不符合产品说明书规定,扣10分; 前支架与支撑面不垂直或脚轮受力,扣10分; 上支架未固定在前支架调节杆与悬挑梁连接的节点处,扣5分; 使用破损的配重块或采用其他替代物,扣10分; 配重块未固定或重量不符合设计规定,扣10分	10		
4		钢丝绳	钢丝绳有断丝、松股、硬弯、锈蚀或有油污附着物,扣10分; 安全钢丝绳规格、型号与工作钢丝绳不相同或未独立悬挂,扣10分; 安全钢丝绳不悬垂,扣10分; 电焊作业时未对钢丝绳采取保护措施,扣5~10分	10		
5		安装作业	吊篮平台组装长度不符合产品说明书和规范要求,扣10分; 吊篮组装的构配件不是同一生产厂家的产品,扣5~10分	10		
6		升降作业	操作升降人员未经培训合格,扣10分; 吊篮内作业人员数量超过2人,扣10分; 吊篮内作业人员未将安全带用安全锁扣挂置在独立设置的专用安全绳上,扣10分; 作业人员未从地面进出吊篮,扣5分	10		
		小计		60		
7	一般项目	交底与验收	未履行验收程序,验收表未经责任人签字确认,扣5~10分; 验收内容未进行量化,扣5分; 每天班前班后未进行检查,扣5分; 吊篮安装使用前未进行交底或交底没有文字记录,扣5~10分	10		
8		安全防护	吊篮平台周边的防护栏杆或挡脚板的设置不符合规范要求,扣5~10分; 多层或立体交叉作业未设置防护顶板,扣8分	10		
9		吊篮稳定	吊篮作业未采取防摆动措施,扣5分; 吊篮钢丝绳不垂直或吊篮距建筑物空隙过大,扣5分	10		
10		荷载	施工荷载超过设计规定,扣10分; 荷载堆放不均匀,扣5分	10		
		小计		40		
检查项目合计				100		

基坑工程检查评分表

序号	检查项目		扣分标准	应得分数	扣减分数	实得分数
1	保证项目	施工方案	基坑工程未编制专项施工方案，扣10分； 专项施工方案未按规定审核、审批，扣10分； 超过一定规模条件的基坑工程专项施工方案未按规定组织专家论证，扣10分； 基坑周边环境或施工条件发生变化，专项施工方案未重新进行审核、审批，扣10分	10		
2		基坑支护	人工开挖的狭窄基槽，开挖深度较大或存在边坡塌方危险未采取支护措施，扣10分； 自然放坡的坡率不符合专项施工方案和规范要求，扣10分； 基坑支护结构不符合设计要求，扣10分； 支护结构水平位移达到设计报警值未采取有效控制措施，扣10分	10		
3		降排水	基坑开挖深度范围内有地下水未采取有效的降排水措施，扣10分； 基坑边沿周围地面未设排水沟或排水沟设置不符合规范要求，扣5分； 放坡开挖对坡顶、坡面、坡脚未采取降排水措施，扣5~10分； 基坑底四周未设排水沟和集水井或排除积水不及时，扣5~8分	10		
4		基坑开挖	支护结构未达到设计要求的强度提前开挖下层土方，扣10分； 未按设计和施工方案的要求分层、分段开挖或开挖不均衡，扣10分； 基坑开挖过程中未采取防止碰撞支护结构或工程桩的有效措施，扣10分； 机械在软土场地作业，未采取铺设渣土、砂石等硬化措施，扣10分	10		
5		坑边荷载	基坑边堆置土、料具等荷载超过基坑支护设计允许要求，扣10分； 施工机械与基坑边沿的安全距离不符合设计要求，扣10分	10		

续表

序号	检查项目		扣分标准	应得分数	扣减分数	实得分数
6	保证项目	安全防护	开挖深度 2 m 及以上的基坑周边未按规范要求设置防护栏杆或栏杆设置不符合规范要求,扣 5~10 分; 基坑内未设置供施工人员上下的专用梯道或梯道设置不符合规范要求,扣 5~10 分; 降水井口未设置防护盖板或围栏,扣 10 分	10		
		小计		60		
7	一般项目	基坑监测	未按要求进行基坑工程监测,扣 10 分; 基坑监测项目不符合设计和规范要求,扣 5~10 分; 监测的时间间隔不符合监测方案要求或监测结果变化速率较大未加密观测次数,扣 5~8 分; 未按设计要求提交监测报告或监测报告内容不完整,扣 5~8 分	10		
8		支撑拆除	基坑支撑结构的拆除方式、拆除顺序不符合专项施工方案要求,扣 5~10 分; 机械拆除作业时,施工荷载大于支撑结构承载能力,扣 10 分; 人工拆除作业时,未按规定设置防护设施,扣 8 分; 采用非常规拆除方式不符合国家现行相关规范要求,扣 10 分	10		
9		作业环境	基坑内土方机械、施工人员的安全距离不符合规范要求,扣 10 分; 上下垂直作业未采取防护措施,扣 5 分; 在各种管线范围内挖土作业未设专人监护,扣 5 分; 作业区光线不良,扣 5 分	10		
10		应急预案	未按要求编制基坑工程应急预案或应急预案内容不完整,扣 5~10 分; 应急组织机构不健全或应急物资、材料、工具机具储备不符合应急预案要求,扣 2~6 分	10		
		小计		40		
检查项目合计				100		

模板支架检查评分表

序号	检查项目		扣分标准	应得分数	扣减分数	实得分数
1		施工方案	未编制专项施工方案或结构设计未经计算,扣10分; 专项施工方案未经审核、审批,扣10分; 超规模模板支架专项施工方案未按规定组织专家论证,扣10分	10		
2	保证项目	支架基础	基础不坚实平整、承载力不符合专项施工方案要求,扣5~10分; 支架底部未设置垫板或垫板的规格不符合规范要求,扣5~10分; 支架底部未按规范要求设置底座,每处扣2分; 未按规范要求设置扫地杆,扣5分; 未设置排水设施,扣5分; 支架设在楼面结构上时,未对楼面结构的承载力进行验算或楼面结构下方未采取加固措施,扣10分	10		
3		支架构造	立杆纵、横间距大于设计和规范要求,每处扣2分; 水平杆步距大于设计和规范要求,每处扣2分; 水平杆未连续设置,扣5分; 未按规范要求设置竖向剪刀撑或专用斜杆,扣10分; 未按规范要求设置水平剪刀撑或专用水平斜杆,扣10分; 剪刀撑或水平斜杆设置不符合规范要求,扣5分	10		
4		支架稳定	支架高宽比超过规范要求未采取与建筑结构刚性连结或增加架体宽度等措施,扣10分; 立杆伸出顶层水平杆的长度超过规范要求,每处扣2分; 浇筑混凝土未对支架的基础沉降、架体变形采取监测措施,扣8分	10		
5		施工荷载	荷载堆放不均匀,每处扣5分; 施工荷载超过设计规定,扣10分; 浇筑混凝土未对混凝土堆积高度进行控制,扣8分	10		

续表

序号	检查项目		扣分标准	应得分数	扣减分数	实得分数
6	保证项目	交底与验收	支架搭设、拆除前未进行交底或无文字记录,扣5～10分; 架体搭设完毕未办理验收手续,扣10分; 验收内容未进行量化,或未经责任人签字确认,扣5分	10		
		小计		60		
7	一般项目	杆件连接	立杆连接未采用对接、套接或承插式接长,每处扣3分; 水平杆连接不符合规范要求,每处扣3分; 剪刀撑斜杆接长不符合规范要求,每处扣3分; 杆件各连接点的紧固不符合规范要求,每处扣2分	10		
8		底座与托撑	螺杆直径与立杆内径不匹配,每处扣3分; 螺杆旋入螺母内的长度或外伸长度不符合规范要求,每处扣3分	10		
9		构配件材质	钢管、构配件的规格、型号、材质不符合规范要求,扣5～10分; 杆件弯曲、变形、锈蚀严重,扣10分	10		
10		支架拆除	支架拆除前未确认混凝土强度达到设计要求,扣10分; 未按规定设置警戒区或未设置专人监护,扣5～10分	10		
		小计		40		
检查项目合计				100		

高处作业检查评分表

序号	检查项目	扣分标准	应得分数	扣减分数	实得分数
1	安全帽	施工现场人员未戴安全帽,每人扣5分; 未按标准佩戴安全帽,每人扣2分; 安全帽质量不符合现行国家相关标准的要求,扣5分	10		
2	安全网	在建工程外脚手架架体外侧未采用密目式安全网封闭或网间连接不严,扣2~10分; 安全网质量不符合现行国家相关标准的要求,扣10分	10		
3	安全带	高处作业人员未按规定系挂安全带,每人扣5分; 安全带系挂不符合要求,每人扣5分; 安全带质量不符合现行国家相关标准的要求,扣10分	10		
4	临边防护	工作面边沿无临边防护,扣10分; 临边防护设施的构造、强度不符合规范要求,扣5分; 防护设施未形成定型化、工具式,扣3分	10		
5	洞口防护	在建工程的孔、洞未采取防护措施,每处扣5分; 防护措施、设施不符合要求或不严密,每处扣3分; 防护设施未形成定型化、工具式,扣3分; 电梯井内未按每隔两层且不大于10 m设置安全平网,扣5分	10		
6	通道口防护	未搭设防护棚或防护不严、不牢固,扣5~10分; 防护棚两侧未进行封闭,扣4分; 防护棚宽度小于通道口宽度,扣4分; 防护棚长度不符合要求,扣4分; 建筑物高度超过24 m,防护棚顶未采用双层防护,扣4分; 防护棚的材质不符合规范要求,扣5分	10		
7	攀登作业	移动式梯子的梯脚底部垫高使用,扣3分; 折梯未使用可靠拉撑装置,扣5分; 梯子的材质或制作质量不符合规范要求,扣10分	10		
8	悬空作业	悬空作业处未设置防护栏杆或其他可靠的安全设施,扣5~10分; 悬空作业所用的索具、吊具等未经验收,扣5分; 悬空作业人员未系挂安全带或佩带工具袋,扣2~10分	10		
9	移动式操作平台	操作平台未按规定进行设计计算,扣8分; 移动式操作平台,轮子与平台的连接不牢固可靠或立柱底端距离地面超过80 mm,扣5分; 操作平台的组装不符合设计和规范要求,扣10分; 平台台面铺板不严,扣5分; 操作平台四周未按规定设置防护栏杆或未设置登高扶梯,扣10分; 操作平台的材质不符合规范要求,扣10分	10		

续表

序号	检查项目	扣分标准	应得分数	扣减分数	实得分数
10	悬挑式物料钢平台	未编制专项施工方案或未经设计计算,扣10分; 悬挑式钢平台的下部支撑系统或上部拉结点,未设置在建筑结构上,扣10分; 斜拉杆或钢丝绳未按要求在平台两侧各设置两道,扣10分; 钢平台未按要求设置固定的防护栏杆或挡脚板,扣3～10分; 钢平台台面铺板不严或钢平台与建筑结构之间铺板不严,扣5分; 未在平台明显处设置荷载限定标牌,扣5分	10		
检查项目合计			100		

施工用电检查评分表

序号	检查项目		扣分标准	应得分数	扣减分数	实得分数
1		外电防护	外电线路与在建工程及脚手架、起重机械、场内机动车道之间的安全距离不符合规范要求且未采取防护措施,扣10分; 防护设施未设置明显的警示标志,扣5分; 防护设施与外电线路的安全距离及搭设方式不符合规范要求,扣5～10分; 在外电架空线路正下方施工、建造临时设施或堆放材料物品,扣10分	10		
2	保证项目	接地与接零保护系统	施工现场专用的电源中性点直接接地的低压配电系统未采用 TN-S 接零保护系统,扣20分; 配电系统未采用同一保护系统,扣20分; 保护零线引出位置不符合规范要求,扣5～10分; 电气设备未接保护零线,每处扣2分; 保护零线装设开关、熔断器或通过工作电流,扣20分; 保护零线材质、规格及颜色标记不符合规范要求,每处扣2分; 工作接地与重复接地的设置、安装及接地装置的材料不符合规范要求,扣10～20分; 工作接地电阻大于4 Ω,重复接地电阻大于10 Ω,扣20分; 施工现场起重机、物料提升机、施工升降机、脚手架防雷措施不符合规范要求,扣5～10分; 做防雷接地机械上的电气设备,保护零线未做重复接地,扣10分	20		
3		配电线路	线路及接头不能保证机械强度和绝缘强度,扣5～10分; 线路未设短路、过载保护,扣5～10分; 线路截面不能满足负荷电流,每处扣2分; 线路的设施、材料及相序排列、档距、与邻近线路或固定物的距离不符合规范要求,扣5～10分; 电缆沿地面明设或沿脚手架、树木等敷设或敷设不符合规范要求,扣5～10分; 未使用符合规范要求的电缆线路,扣10分; 室内非埋地明敷主干线距地面高度小于2.5 m,每处扣2分	10		

续表

序号	检查项目		扣分标准	应得分数	扣减分数	实得分数
4	保证项目	配电箱与开关箱	配电系统未采用三级配电、二级漏电保护系统,扣 10 ~ 20 分; 用电设备没有各自专用的开关箱,每处扣 2 分; 箱体结构、箱内电器设置不符合规范要求,扣 10 ~ 20 分; 配电箱零线端子板的设置、连接不符合规范要求,扣 5 ~ 10 分; 漏电保护器参数不匹配或仪表检测不灵敏,每处扣 2 分; 配电箱与开关箱电器损坏或进出线混乱,每处扣 2 分; 箱体未设置系统接线图和分路标记,每处扣 2 分; 箱体未设门、锁,未采取防雨措施,每处扣 2 分; 箱体安装位置、高度及周边通道不符合规范要求,每处扣 2 分; 分配电箱与开关箱、开关箱与用电设备的距离不符合规范要求,每处扣 2 分	20		
	小计			60		
5	一般项目	配电室与配电装置	配电室建筑耐火等级未达到三级,扣 15 分; 未配置适用于电气火灾的灭火器材,扣 3 分; 配电室、配电装置布设不符合规范要求,扣 5 ~ 10 分; 配电装置中的仪表、电器元件设置不符合规范要求或仪表、电器元件损坏,扣 5 ~ 10 分; 备用发电机组未与外电线路进行联锁,扣 15 分; 配电室未采取防雨雪和小动物侵入的措施,扣 10 分; 配电室未设警示标志、工地供电平面图和系统图,扣 3 ~ 5 分	15		
6		现场照明	照明用电与动力用电混用,每处扣 2 分; 特殊场所未使用 36 V 及以下安全电压,扣 15 分; 手持照明灯未使用 36 V 以下电源供电,扣 10 分; 照明变压器未使用双绕组安全隔离变压器,扣 15 分; 灯具金属外壳未接保护零线,每处扣 2 分; 灯具与地面、易燃物之间小于安全距离,每处扣 2 分; 照明线路和安全电压线路的架设不符合规范要求,扣 10 分; 施工现场未按规范要求配备应急照明,每处扣 2 分	15		
7		用电档案	总包单位与分包单位未订立临时用电管理协议,扣 10 分; 未制定专项用电施工组织设计、外电防护专项方案或设计、方案缺乏针对性,扣 5 ~ 10 分; 专项用电施工组织设计、外电防护专项方案未履行审批程序,实施后相关部门未组织验收,扣 5 ~ 10 分; 接地电阻、绝缘电阻和漏电保护器检测记录未填写或填写不真实,扣 3 分; 安全技术交底、设备设施验收记录未填写或填写不真实,扣 3 分; 定期巡视检查、隐患整改记录未填写或填写不真实,扣 3 分; 档案资料不齐全,未设专人管理,扣 3 分	10		
	小计			40		
检查项目合计				100		

物料提升机检查评分表

序号	检查项目		扣分标准	应得分数	扣减分数	实得分数
1	保证项目	安全装置	未安装起重量限制器、防坠安全器,扣15分; 起重量限制器、防坠安全器不灵敏,扣15分; 安全停层装置不符合规范要求或未达到定型化,扣5~10分; 未安装上行程限位,扣15分; 上行程限位不灵敏、安全越程不符合规范要求,扣10分; 物料提升机安装高度超过30 m,未安装渐进式防坠安全器、自动停层、语音及影像信号监控装置,每项扣5分	15		
2		防护设施	未设置防护围栏或设置不符合规范要求,扣5~15分; 未设置进料口防护棚或设置不符合规范要求,扣5~15分; 停层平台两侧未设置防护栏杆、挡脚板,每处扣5分; 停层平台脚手板铺设不严、不牢,每处扣2分; 未安装平台门或平台门不起作用,扣5~15分; 平台门未达到定型化,每处扣2分; 吊笼门不符合规范要求,扣10分	15		
3		附墙架与缆风绳	附墙架结构、材质、间距不符合产品说明书要求,扣10分; 附墙架未与建筑结构可靠连接,扣10分; 缆风绳设置数量、位置不符合规范要求,扣5分; 缆风绳未使用钢丝绳或未与地锚连接,扣10分; 钢丝绳直径小于8 mm或角度不符合45°~60°要求,扣5~10分; 安装高度超过30 m的物料提升机使用缆风绳,扣10分; 地锚设置不符合规范要求,每处扣5分	10		
4		钢丝绳	钢丝绳磨损、变形、锈蚀达到报废标准,扣10分; 钢丝绳绳夹设置不符合规范要求,每处扣2分; 吊笼处于最低位置,卷筒上钢丝绳少于3圈,扣10分; 未设置钢丝绳过路保护措施或钢丝绳拖地,扣5分	10		
5		安拆验收与使用	安装、拆卸单位未取得专业承包资质和安全生产许可证,扣10分; 未制订专项施工方案或未经审核、审批,扣10分; 未履行验收程序或验收表未经责任人签字,扣5~10分; 安装、拆除人员及司机未持证上岗,扣10分; 物料提升机作业前未按规定进行例行检查或未填写检查记录,扣4分; 实行多班作业未按规定填写交接班记录,扣3分	10		
		小计		60		
6	一般项目	基础与导轨架	基础的承载力、平整度不符合规范要求,扣5~10分; 基础周边未设排水设施,扣5分; 导轨架垂直度偏差大于导轨架高度0.15%,扣5分; 井架停层平台通道处的结构未采取加强措施,扣8分	10		

续表

序号	检查项目		扣分标准	应得分数	扣减分数	实得分数
7	一般项目	动力与传动	卷扬机、曳引机安装不牢固,扣10分; 卷筒与导轨架底部导向轮的距离小于20倍卷筒宽度未设置排绳器,扣5分; 钢丝绳在卷筒上排列不整齐,扣5分; 滑轮与导轨架、吊笼未采用刚性连接,扣10分; 滑轮与钢丝绳不匹配,扣10分; 卷筒、滑轮未设置防止钢丝绳脱出装置,扣5分; 曳引钢丝绳为2根及以上时,未设置曳引力平衡装置,扣5分	10		
8		通信装置	未按规范要求设置通信装置,扣5分; 通信装置信号显示不清晰,扣3分	5		
9		卷扬机操作棚	未设置卷扬机操作棚,扣10分; 操作棚搭设不符合规范要求,扣5~10分	10		
10		避雷装置	物料提升机在其他防雷保护范围以外未设置避雷装置,扣5分; 避雷装置不符合规范要求,扣3分	5		
		小计		40		
检查项目合计				100		

施工升降机检查评分表

序号	检查项目		扣分标准	应得分数	扣减分数	实得分数
1	保证项目	安全装置	未安装起重量限制器或起重量限制器不灵敏,扣10分; 未安装渐进式防坠安全器或防坠安全器不灵敏,扣10分; 防坠安全器超过有效标定期限,扣10分; 对重钢丝绳未安装防松绳装置或防松绳装置不灵敏,扣5分; 未安装急停开关或急停开关不符合规范要求,扣5分; 未安装吊笼和对重缓冲器或缓冲器不符合规范要求,扣5分; SC型施工升降机未安装安全钩,扣10分	10		
2		限位装置	未安装极限开关或极限开关不灵敏,扣10分; 未安装上限位开关或上限位开关不灵敏,扣10分; 未安装下限位开关或下限位开关不灵敏,扣5分; 极限开关与上限位开关安全越程不符合规范要求,扣5分; 极限开关与上、下限位开关共用一个触发元件,扣5分; 未安装吊笼门机电联锁装置或装置不灵敏,扣10分; 未安装吊笼顶窗电气安全开关或开关不灵敏,扣5分	10		

续表

序号	检查项目		扣分标准	应得分数	扣减分数	实得分数
3	保证项目	防护设施	未设置地面防护围栏或设置不符合规范要求,扣5～10分; 未安装地面防护围栏门联锁保护装置或联锁保护装置不灵敏,扣5～8分; 未设置出入口防护棚或设置不符合规范要求,扣5～10分; 停层平台搭设不符合规范要求,扣5～8分; 未安装层门或层门不起作用,扣5～10分; 层门不符合规范要求、未达到定型化,每处扣2分	10		
4		附墙架	附墙架采用非配套标准产品未进行设计计算,扣10分; 附墙架与建筑结构连接方式、角度不符合产品说明书要求,扣5～10分; 附墙架间距、最高附着点以上导轨架的自由高度超过产品说明书要求,扣10分	10		
5		钢丝绳滑轮与对重	对重钢丝绳绳数少于2根或未相对独立,扣5分; 钢丝绳磨损、变形、锈蚀达到报废标准,扣10分; 钢丝绳的规格、固定不符合产品说明书及规范要求,扣10分; 滑轮未安装钢丝绳防脱装置或不符合规范要求,扣4分; 对重重量、固定不符合产品说明书及规范要求,扣10分; 对重未安装防脱轨保护装置,扣5分	10		
6		安拆验收与使用	安装、拆卸单位未取得专业承包资质和安全生产许可证,扣10分; 未编制安装、拆卸专项方案或专项方案未经审核、审批,扣10分; 未履行验收程序或验收表未经责任人签字,扣5～10分; 安装、拆除人员及司机未持证上岗,扣10分; 施工升降机作业前未按规定进行例行检查,未填写检查记录,扣4分; 实行多班作业未按规定填写交接班记录,扣3分	10		
		小计		60		
7	一般项目	导轨架	导轨架垂直度不符合规范要求,扣10分; 标准节质量不符合产品说明书及规范要求,扣10分; 对重导轨不符合规范要求,扣5分; 标准节连接螺栓使用不符合产品说明书及规范要求,扣5～8分	10		
8		基础	基础制作、验收不符合产品说明书及规范要求,扣5～10分; 基础设置在地下室顶板或楼面结构上,未对其支承结构进行承载力验算,扣10分; 基础未设置排水设施,扣4分	10		
9		电气安全	施工升降机与架空线路小于安全距离未采取防护措施,扣10分; 防护措施不符合规范要求,扣5分; 未设置电缆导向架或设置不符合规范要求,扣5分; 施工升降机在防雷保护范围以外未设置避雷装置,扣10分; 避雷装置不符合规范要求,扣5分	10		
10		通信装置	未安装楼层信号联络装置,扣10分; 楼层联络信号不清晰,扣5分	10		
		小计		40		
检查项目合计				100		

塔式起重机检查评分表

序号	检查项目		扣分标准	应得分数	扣减分数	实得分数
1	保证项目	载荷限制装置	未安装起重量限制器或限制器不灵敏,扣10分; 未安装力矩限制器或限制器不灵敏,扣10分	10		
2		行程限位装置	未安装起升高度限位器或限位器不灵敏,扣10分; 起升高度限位器的安全越程不符合规范要求,扣6分; 未安装幅度限位器或限位器不灵敏,扣10分; 回转不设集电器的塔式起重机未安装回转限位器或限位器不灵敏,扣6分; 行走式塔式起重机未安装行走限位器或限位器不灵敏,扣10分	10		
3		保护装置	小车变幅的塔式起重机未安装断绳保护及断轴保护装置,扣8分; 行走及小车变幅的轨道行程末端未安装缓冲器及止挡装置或其不符合规范要求,扣4~8分; 起重臂根部绞点高度大于50 m的塔式起重机未安装风速仪或风速仪不灵敏,扣4分; 塔式起重机顶部高度大于30 m且高于周围建筑物未安装障碍指示灯,扣4分	10		
4		吊钩滑轮卷筒与钢丝绳	吊钩未安装钢丝绳防脱钩装置或其不符合规范要求,扣10分; 吊钩磨损、变形达到报废标准,扣10分; 滑轮、卷筒未安装钢丝绳防脱装置或其不符合规范要求,扣4分; 滑轮及卷筒磨损达到报废标准,扣10分; 钢丝绳磨损、变形、锈蚀达到报废标准,扣10分; 钢丝绳的规格、固定、缠绕不符合产品说明书及规范要求,扣5~10分	10		
5		多塔作业	多塔作业未制订专项施工方案或施工方案未经审批,扣10分; 任意两台塔式起重机之间的最小架设距离不符合规范要求,扣10分	10		
6		安拆验收与使用	安装、拆卸单位未取得专业承包资质和安全生产许可证,扣10分; 未制订安装、拆卸专项方案,扣10分; 方案未经审核、审批,扣10分; 未履行验收程序或验收表未经责任人签字,扣5~10分; 安装、拆除人员及司机、指挥未持证上岗,扣10分; 塔式起重机作业前未按规定进行例行检查,未填写检查记录,扣4分; 实行多班作业未按规定填写交接班记录,扣3分	10		
	小计			60		

续表

序号	检查项目		扣分标准	应得分数	扣减分数	实得分数
7		附着装置	塔式起重机高度超过规定未安装附着装置,扣10分; 附着装置水平距离不满足产品说明书要求未进行设计计算和审批,扣8分; 安装内爬式塔式起重机的建筑承载结构未进行承载力验算,扣8分; 附着装置安装不符合产品说明书及规范要求,扣5~10分; 附着前和附着后塔身垂直度不符合规范要求,扣10分	10		
8		基础与轨道	塔式起重机基础未按产品说明书及有关规定设计、检测、验收,扣5~10分; 基础未设置排水措施,扣4分; 路基箱或枕木铺设不符合产品说明书及规范要求,扣6分; 轨道铺设不符合产品说明书及规范要求,扣6分	10		
9	一般项目	结构设施	主要结构件的变形、锈蚀不符合规范要求,扣10分; 平台、走道、梯子、护栏的设置不符合规范要求,扣4~8分; 高强螺栓、销轴、紧固件的紧固、连接不符合规范要求,扣5~10分	10		
10		电气安全	未采用TN-S接零保护系统供电,扣10分; 塔式起重机与架空线路安全距离不符合规范要求,未采取防护措施,扣10分; 防护措施不符合规范要求,扣5分; 未安装避雷接地装置,扣10分; 避雷接地装置不符合规范要求,扣5分; 电缆使用及固定不符合规范要求,扣5分	10		
		小计		40		
检查项目合计				100		

起重吊装检查评分表

序号	检查项目		扣分标准	应得分数	扣减分数	实得分数
1	保证项目	施工方案	未编制专项施工方案或专项施工方案未经审核、审批,扣10分; 超规模的起重吊装专项施工方案未按规定组织专家论证,扣10分	10		
2		起重机械	未安装荷载限制装置或装置不灵敏,扣10分; 未安装行程限位装置或装置不灵敏,扣10分; 起重拔杆组装不符合设计要求,扣10分; 起重拔杆组装后未履行验收程序或验收表无责任人签字,扣5~10分	10		
3		钢丝绳与地锚	钢丝绳磨损、断丝、变形、锈蚀达到报废标准,扣10分; 钢丝绳规格不符合起重机产品说明书要求,扣10分; 吊钩、卷筒、滑轮磨损达到报废标准,扣10分; 吊钩、卷筒、滑轮未安装钢丝绳防脱装置,扣5~10分; 起重拔杆的缆风绳、地锚设置不符合设计要求,扣8分	10		
4		索具	索具采用编结连接时,编结部分的长度不符合规范要求,扣10分; 索具采用绳夹连接时,绳夹的规格、数量及间距不符合规范要求,扣5~10分; 索具安全系数不符合规范要求,扣10分; 吊索规格不匹配或机械性能不符合设计要求,扣5~10分	10		
5		作业环境	起重机行走作业处地面承载能力不符合产品说明书要求或未采用有效加固措施,扣10分; 起重机与架空线路安全距离不符合规范要求,扣10分	10		
6		作业人员	起重机司机无证操作或操作证与操作机型不符,扣5~10分; 未设置专职信号指挥和司索人员,扣10分; 作业前未按规定进行安全技术交底或交底未形成文字记录,扣5~10分	10		
		小计		60		

续表

序号	检查项目		扣分标准	应得分数	扣减分数	实得分数
7	一般项目	起重吊装	多台起重机同时起吊一个构件时,单台起重机所承受的荷载不符合专项施工方案要求,扣10分; 吊索系挂点不符合专项施工方案要求,扣5分; 起重机作业时起重臂下有人停留或吊运重物从人的正上方通过,扣10分; 起重机吊具载运人员,扣10分; 吊运易散落物件不使用吊笼,扣6分	10		
8		高处作业	未按规定设置高处作业平台,扣10分; 高处作业平台设置不符合规范要求,扣5~10分; 未按规定设置爬梯或爬梯的强度、构造不符合规范要求,扣5~8分; 未按规定设置安全带悬挂点,扣8分	10		
9		构件码放	构件码放荷载超过作业面承载能力,扣10分; 构件码放高度超过规定要求,扣4分; 大型构件码放无稳定措施,扣8分	10		
10		警戒监护	未按规定设置作业警戒区,扣10分; 警戒区未设专人监护,扣5分	10		
		小计		40		
检查项目合计				100		

施工机具检查评分表

序号	检查项目	扣分标准	应得分数	扣减分数	实得分数
1	平刨	平刨安装后未履行验收程序,扣5分; 未设置护手安全装置,扣5分; 传动部位未设置防护罩,扣5分; 未做保护接零或未设置漏电保护器,扣10分; 未设置安全作业棚,扣6分; 使用多功能木工机具,扣10分	10		
2	圆盘锯	圆盘锯安装后未履行验收程序,扣5分; 未设置锯盘护罩、分料器、防护挡板安全装置和传动部位未设置防护罩,每处扣3分; 未做保护接零或未设置漏电保护器,扣10分; 未设置安全作业棚,扣6分; 使用多功能木工机具,扣10分	10		
3	手持电动工具	Ⅰ类手持电动工具未采取保护接零或未设置漏电保护器,扣8分; 使用Ⅰ类手持电动工具不按规定穿戴绝缘用品,扣6分; 手持电动工具随意接长电源线,扣4分	8		
4	钢筋机械	机械安装后未履行验收程序,扣5分; 未做保护接零或未设置漏电保护器,扣10分; 钢筋加工区未设置作业棚、钢筋对焊作业区未采取防止火花飞溅措施或冷拉作业区未设置防护栏板,每处扣5分; 传动部位未设置防护罩,扣5分	10		
5	电焊机	电焊机安装后未履行验收程序,扣5分; 未做保护接零或未设置漏电保护器,扣10分; 未设置二次空载降压保护器,扣10分; 一次线长度超过规定或未进行穿管保护,扣3分; 二次线未采用防水橡皮护套铜芯软电缆,扣10分; 二次线长度超过规定或绝缘层老化,扣3分; 电焊机未设置防雨罩或接线柱未设置防护罩,扣5分	10		
6	搅拌机	搅拌机安装后未履行验收程序,扣5分; 未做保护接零或未设置漏电保护器,扣10分; 离合器、制动器、钢丝绳达不到规定要求,每项扣5分; 上料斗未设置安全挂钩或止挡装置,扣5分; 传动部位未设置防护罩,扣4分; 未设置安全作业棚,扣6分	10		

续表

序号	检查项目	扣分标准	应得分数	扣减分数	实得分数
7	气瓶	气瓶未安装减压器,扣8分; 乙炔瓶未安装回火防止器,扣8分; 气瓶间距小于5 m或与明火距离小于10 m未采取隔离措施,扣8分; 气瓶未设置防震圈和防护帽,扣2分; 气瓶存放不符合要求,扣4分	8		
8	翻斗车	翻斗车制动、转向装置不灵敏,扣5分; 驾驶员无证操作,扣8分; 行车载人或违章行车,扣8分	8		
9	潜水泵	未做保护接零或未设置漏电保护器,扣6分; 负荷线未使用专用防水橡皮电缆,扣6分; 负荷线有接头,扣3分	6		
10	振捣器	未做保护接零或未设置漏电保护器,扣8分; 未使用移动式配电箱,扣4分; 电缆线长度超过30 m,扣4分; 操作人员未穿戴绝缘防护用品,扣8分	8		
11	桩工机械	机械安装后未履行验收程序,扣10分; 作业前未编制专项施工方案或未按规定进行安全技术交底,扣10分; 安全装置不齐全或不灵敏,扣10分; 机械作业区域地面承载力不符合规定要求或未采取有效硬化措施,扣12分; 机械与输电线路安全距离不符合规范要求,扣12分	12		
检查项目合计			100		

第 5 章　职业健康安全教育培训

5.1　职业健康安全教育培训制度

职业健康安全教育培训制度

1.各单位所属项目部应以生产、技术领导分级负责,相关部门协助开展对职工的安全教育,提高职工执行国家的安全生产方针、政策和遵守劳动纪律、安全操作规程的自觉性,牢固树立"安全第一、预防为主、综合治理"的思想,按照《国营建筑企业安全生产工作条例》和《建筑业企业职工安全培训教育暂行规定》教育职工。

2.对使用新技术、新设备、新工艺、新材料、易岗、复岗人员和临时参加生产劳动的其他人员,都必须进行安全教育,掌握操作方法后经考核合格,方准参加实际操作。

3.各单位必须逐级组织各种安全活动。在安排、总结生产的同时,安排、总结安全工作,并逐级进行安全技术交底。项目部每周必须坚持组织安全活动日。

经常组织职工和管理人员学习安全生产责任制,安全生产管理制度,安全操作规程和上级有关安全生产方面的文件、规定。利用广播、录像、黑板报、展览等方式,开展安全生产方面的宣传教育。施工现场必须有醒目的安全宣传标语、安全专栏,定期表扬好人好事,宣传安全生产方面的先进经验与事故案例。

4.对特种作业人员(机械、电工、架子工、电气焊、起重、锅炉等工种)应定期进行体检、培训、复审,考核合格获得当地行政主管部门的安全操作证,方准上岗操作。

5.新工人进场必须组织"三级安全教育",公司负责进场安全教育。项目部根据本工程特点,讲解现场安全操作规程和必须遵守的安全生产规定等。新工人必须经班组、小组进行工种岗位教育和熟悉本工种安全操作要求,未掌握安全操作要领前,不能独立工作。

6.企业每年有重点地对各级领导及管理人员进行安全生产方针、政策和有关规定的培训。

7.对经常违章蛮干的作业人员要停工教育,对一贯不重视安全管理工作的人员要进行批评或调岗处理。

5.2　职业健康安全管理实施方案

职业健康安全管理实施方案

序号	本项目潜在的重大安全风险	可能发生的部位	可能发生的原因	控制目标	控制措施	完成时间	责任人	验证部门	验证方法
1	高处坠落	高处作业洞口临边等危险处	违章作业防护措施不完善,安全技术交底无针对性,监督检查不到位,脚手架塔设不合格等	杜绝坠落事故发生	1. 建立健全各种安全管理制度; 2. 脚手架搭设要有编制方案,有搭设安全保护措施; 3. 临边洞口防护要牢靠; 4. 高处作业必须系好安全带; 5. 安全教育检查要经常化	1、2在施工之前完成; 3~5在施工中完成			定期或不定期进行检查,并做好记录
2	机械伤害	机械操作及维修机械安装与拆除等部位	操作工无上岗证,违章作业,设备带病运行,设有检验手续和检查记录,设备无安拆方案	杜绝机械伤害事故发生	1. 作业人员必须经培训后持证上岗; 2. 设备安拆要有方案; 3. 设备安装必须进行检验; 4. 设备安装完毕必须经有关部门验收; 5. 要进行定期维修和保养; 6. 安全交底和接交班手续齐全	1、2在施工之前完成; 3、4在运行之前完成; 5、6在运行中完成			定期或不定期进行检查,并做好记录
3	触电	施工用电、生活用电、设备用电等	未达到三级配电二级保护,接地,接零混乱,漏电保护不合格,失灵,电线老化,乱接乱挂,接地电阻测试大于10Ω,设无编制施工用电方案	按施工用电规范要求做	1. 执行施工用电方案,作业人员持证上岗; 2. 执行项目"施工用电安全管理办法"; 3. 线路架设、埋设要达标; 4. 做到三级配电二级保护; 5. 电线不能拖地,破皮老化接头使用套管保护; 6. 执行"一机一闸一漏电"保护; 7. 配电箱内设隔离开关	1、2、6、7在施工之前完成; 3~5在施工中完成			定期或不定期进行检查,并做好记录

续表

序号	本项目潜在的重大安全风险	可能发生的部位	可能发生的原因	控制目标	控制措施	完成时间	责任人	验证部门	验证方法
4	火灾与爆炸	施工现场、生活区、食堂、木工棚、材料库、易燃易爆仓库、油漆库	无消防制度及防范措施，动火区域无隔离措施，施工、氧气瓶、乙炔瓶距离过近	杜绝火灾与爆炸事故发生	1. 制定消防制度及消防教育等； 2. 设置易燃易爆隔离库房； 3. 动火作业区设专人看护； 4. 办理动火审批手续等； 5. 动火完毕消除火源等	1、2 在施工之前完成； 3～5 在施工中完成			定期或不定期进行检查，并做好记录
5	物体打击	施工现场出入口、物料起吊等部位	临边、洞口、出入口无防护措施，物料起吊捆绑不牢，拆除没有方案，无专人监管	防止物体打击事故发生	1. 制定现场安全管理制度； 2. 做好临边、洞口防护工作等； 3. 出入口通道口搭设防护棚； 4. 做好监督、检查工作	1 在施工之前完成； 2～4 在施工中完成			定期或不定期进行检查，并做好记录

编制： 审核： 批准： 时间：

5.3　职业健康安全教育培训提纲及内容

职业健康安全教育培训提纲及内容

教育培训提纲

一、公司进行安全教育基本知识、法规法制教育：

1. 党和国家的安全生产方针、政策。

2. 建筑行业施工特点及施工安全生产的目的和重要意义。

3. 本单位施工特点及安全生产规章制度和安全纪律。

4. 本单位安全生产形势及事故案例。

5. 发生事故后如何抢救伤员、排险、保护现场和及时进行报告。

二、项目部进行现场规章制度和遵章守纪教育：

1. 项目施工特点及施工安全基本知识。

2. 项目安全生产制度、现场纪律及安全教育事项。

3. 各工种的安全技术操作规程。

4. 高处作业、机械设备、电气安全基础知识。

5. 防火、防毒、防尘、防爆知识及紧急情况安全处置和安全疏散知识。

6. 防护用品发放标准及防护用品、用具使用的基本知识。

三、班组进行本岗位安全操作及班组安全教育、纪律教育：

1. 本班组作业特点及安全操作规程。

2. 班组安全活动制度及纪律。

3. 爱护和正确使用安全防护装置(设施)及个人劳动防护用品。

4. 本岗位已发生的不安全因素及防护对策。

5. 本岗位的作业环境及使用设备、工具的安全要求。

安全教育内容

类别	重要性	内容
安全思想教育	安全生产的思想基础	尊重人、关心人、爱护人的思想教育；党和国家安全生产劳动保护方针、政策教育；安全与生产辩证关系教育、三热爱教育、职业道德教育
安全知识教育	安全生产的重点内容	施工生产一般流程；环境、区域概括介绍；安全生产一般注意事项；企业内外典型事故案例简介与分析；工种、岗位安全生产知识
安全技术教育	安全生产的技术保证	安全生产技术；安全技术操作规程
安全法制教育	安全生产的必备知识	安全生产法规和责任制度、法律上有关条文；安全生产规章制度，摘要介绍受处分的先例
安全纪律教育	安全生产的制度保证	场规场纪、职工守则；劳动纪律、安全生产奖惩条例

5.4　三级安全教育

新工入场三级安全教育及考试成绩登记表

序号	姓名	工种	受教育时间	成绩	备注

新工入场三级安全教育记录

工程名称：_____　施工项目名称：_____

姓　　名：_____　文化程度：_____

班组(工种)：_____　本工种工龄：_____

进工地时间：_____　所在分包企业：_____

身份证号：_____　联系电话：_____

家庭住址：_____

	三级安全主要内容	教育人		受教育人
公司教育	1.国家和地方有关安全生产、环境保护方面的方针政策及法律法规； 2.建筑行业施工特点及施工安全生产的目的和重要意义； 3.施工安全、职业健康和劳动保护的基本知识； 4.建筑施工人员安全生产方面的权利和义务； 5.本企业的施工生产特点及安全生产管理制度、劳动纪律	签名		签名
		年　　月　　日		
项目部教育	1.施工现场安全生产和文明施工规章制度； 2.工程概况、施工现场作业环境和施工安全特点； 3.机械设备、电气安全及高处作业的安全基本知识； 4.防火、防毒、防尘、防爆基本知识； 5.常用劳动防护用品佩戴、使用的基本知识； 6.危险源、重大危险源的辨识和安全预控措施； 7.生产安全事故发生时自救、排险、抢救伤员、保护现场和及时报告等应急措施及预案； 8.典型建筑生产安全事故案例分析	总包项目 签名	分包项目 签名	签名
		年　　月　　日		
班组教育	1.本班组劳动纪律和安全生产、文明施工要求； 2.本班组作业环境、作业特点和危险源的预控措施； 3.本工种安全技术操作规程及基本的安全知识； 4.本工种涉及的机械设备、电气设备及施工机具的正确使用和安全防护要求； 5.采用新技术、新工艺、新设备、新材料施工的安全生产知识； 6.本工种职业健康要求及劳动保护用品的主要功能、正确佩戴和使用方法； 7.本班组施工过程中易发事故的自救、排险、抢救伤员、保护现场和及时报告等应急措施； 8.本工种典型生产安全事故案例分析	签名		签名
		年　　月　　日		
项目考核意见				
		年　　月　　日		

违章违纪情况记录	突出表现及奖励记录

施工现场安全纪律签约书

一、要安全施工:进入施工现场必须佩戴安全帽,不准赤脚或穿高跟鞋、拖鞋和裙子进入施工现场。

二、要提高警惕:在没有防护设施的高空作业人员必须系安全带,不得穿硬底鞋及带钉易滑的鞋。

三、要贯彻预防为主的方针,严格执行操作规程,不准违章指挥、违章作业及冒险作业。

四、要遵章守纪,不准从高处往下抛掷物料。

五、要做到工作时思想集中,不准酒后上班。

六、要严防火灾:不准在禁止烟火的地方吸烟、动火。

七、要坚守岗位:机械必须固定专人操作,非本机操作人员不得擅自启动机械,未经许可,不得从事非本工种作业。

八、要文明施工:不得在施工现场戏耍和打架斗殴。

九、要注意安全:电器开关要设箱加锁,不准乱拉接电线;不准攀井字架、龙门架和随吊盘上下。

十、要严防破坏:不准擅自挪动和拆除各种防护装置、防护设施和警告、安全标志。

违反以上条约者,一切责任自负。

项目部(盖章):　　　　　　签约人:

负责人(签字):　　　　　　身份证号码:

　　　　　　　　　　　　　　　年　月　日

新工入场安全知识考试试卷

(略)

5.5　变换工种安全教育

变换工种安全教育登记表

姓名	性别	年龄	原工种	新工种	何年何月进单位(工地)	身份证号码	岗前教育时间	岗前教育教育者

变换工种安全教育记录表

姓名		性别		年龄	
工种		新工种		进入工地时间	
教育日期		教育时间		考试成绩	

教育内容：

教育者		职务			
备注				身份证复印件粘贴处	

5.6　安全教育记录及照片

项目安全生产周例会记录

项目名称			
主讲人		时间	
会议内容			
			记录人：

安全教育记录

项目名称			
授课人		教育时间	
教育类别			
主要内容：			
			记录人：

注：教育类别栏填写定期、专项、季节性及节假日后安全教育。此表后附签到表及图像资料。

签 到 表

日期：　　年　月　日

序号	姓名	备注	序号	姓名	备注

注：此表用于周例会及各类安全教育活动。

5.7 采用"四新"安全教育培训记录表

采用新技术、新工艺、新设备、新材料时
安全教育培训记录表

教育课时：　　　　　　　　日期：　年　月　日

单位 名称		主体单位 （部门）		主讲人	
工程 名称		受教育单位 （部门）		人　数	
何种技术、工艺、设备					

教育内容：

　　　　　　　　　　　　　　　　　　　　　　　　　　记录人：

参加对象：（签名）

5.8　项目管理人员年度安全知识教育培训

项目管理人员年度安全知识教育培训考核登记表

序号	姓名	培训时间	培训内容	成绩

项目管理人员年度安全知识教育培训记录

项目名称			
授课人		教育时间	

主要内容：

记录人：

注：此表后附签到表及影像资料。

项目管理人员年度安全知识教育培训考核试卷

（略）

第6章　班前安全活动

6.1　班前安全活动制度

班前安全活动制度

1. 认真执行安全生产规章制度及安全操作规程,合理安排班组人员工作,对本组人员在生产中的安全健康负责。

2. 经常组织班组学习安全操作规程,督促班组人员合理使用个人劳保用品,不断提高自我保护能力。

3. 认真落实安全技术交底,做好班前讲安全,不违章,不蛮干。

4. 经常检查班组工作现场安全生产状况,发现问题及时逐级上报。

5. 认真做好新工的岗位教育。

6. 发生工伤事故应立即抢救伤者,保护好现场,及时上报有关领导。

6.2　班前安全活动记录及照片

班前安全活动记录

工程名称					
劳务分包单位		班组名称		班长	
活动内容记录: 1.本日工作内容:＿＿＿＿＿＿＿＿＿＿＿＿＿＿＿＿＿＿＿＿＿＿＿＿＿＿＿＿＿ ＿＿＿＿＿＿＿＿＿＿＿＿＿＿＿＿＿＿＿＿＿＿＿＿＿＿＿＿＿＿＿＿＿＿＿＿＿＿ 2.危险源控制措施:＿＿＿＿＿＿＿＿＿＿＿＿＿＿＿＿＿＿＿＿＿＿＿＿＿＿＿ ＿＿＿＿＿＿＿＿＿＿＿＿＿＿＿＿＿＿＿＿＿＿＿＿＿＿＿＿＿＿＿＿＿＿＿＿＿＿ 3.特别注意安全事项:＿＿＿＿＿＿＿＿＿＿＿＿＿＿＿＿＿＿＿＿＿＿＿＿＿＿ ＿＿＿＿＿＿＿＿＿＿＿＿＿＿＿＿＿＿＿＿＿＿＿＿＿＿＿＿＿＿＿＿＿＿＿＿＿＿ 4.本日安全情况总结:＿＿＿＿＿＿＿＿＿＿＿＿＿＿＿＿＿＿＿＿＿＿＿＿＿＿ ＿＿＿＿＿＿＿＿＿＿＿＿＿＿＿＿＿＿＿＿＿＿＿＿＿＿＿＿＿＿＿＿＿＿＿＿＿＿ 　　　　　　　　　　　记录人:　　　　　年　月　日					

注:后附班前安全活动照片。

第 7 章 特种作业人员管理

7.1 特种作业人员管理制度

特种作业人员管理制度

从事特种作业人员必须年满十八周岁以上,工作认真负责,身体健康,没有妨碍从事本作业的疾病和生理缺陷。

1.特种作业人员经安全技术培训后,必须进行考核,经考核合格取得操作证者,方准独立作业。

2.每天必须持证上岗,如不持证上岗者每次罚款五元。

3.对在安全生产和预防事故做出显著成绩者,给予一定奖励。

4.对违章作业和造成事故者,企业根据违章和事故情节,给予经济处罚或行政处分,直至追究刑事责任。

5.经常性对特种作业人员进行安全意识教育,增强作业人员的责任心,保质保量完成各项生产任务。

6.经常性进行安全知识和操作规程教育,严格按安全技术交底进行操作。

7.坚持学习本工种业务知识,了解所用机械设备、车辆、气瓶等的技术性能及正确使用方法和安全技术要求。

8.在登高、悬空无防护情况下作业,必须正确使用劳动防护用品。

9.特种作业人员操作证,必须按国家规定进行复审,复审不合格者,不得继续独立操作。

10.特种作业人员还要定期进行体检,不符合特种作业要求者,不得继续从事特种作业。

7.2 特种作业人员花名册

特种作业人员花名册

序号	姓名	工种	特种作业操作资格证书			
			发证单位	发证时间	证书编号	证书有效期

7.3　特种作业人员岗位证书复印件

特种作业人员岗位证书复印件

（略）

7.4　特种作业人员安全教育培训

特种作业人员安全教育培训登记表

序号	姓名	年龄	性别	工种	入场时间	教育单位	教育时间

特种作业人员安全教育培训记录

工程名称			
授课人		教育时间	
教育对象			

主要内容：

记录人：

注：此表后附签到表及图像资料。

特种作业人员安全教育培训签到表

日期： 年 月 日

序号	姓名	备注	序号	姓名	备注

第 8 章　工伤事故处理

8.1　工伤事故管理制度

工伤事故管理制度

一、编制依据

《生产安全事故报告和调查处理条例》；

《工伤保险条例》。

二、目的

为使企业员工在工作中遭受事故和职业病伤害后及时得到医疗救治、经济补偿和康复，并对事故及时、准确进行调查处理，特制定本制度。

三、工伤认定

职工有下列情形之一的，应当认定为工伤：

（一）在工作时间和工作场所内，因工作原因受到事故伤害的；

（二）工作时间前后在工作场所内，从事与工作有关的预备性或者收尾性工作受到事故伤害的；

（三）在工作时间和工作场所内，因履行工作职责受到暴力等意外伤害的；

（四）患职业病的；

（五）因工外出期间，由于工作原因受到伤害或者发生事故下落不明的；

（六）在上下班途中，受到非本人主要责任的交通事故或者城市轨道交通、客运轮渡、火车事故伤害的；

（七）法律、行政法规规定应当认定为工伤的其他情形。

四、有下列情形之一的，视同工伤：

（一）在工作时间和工作岗位，突发疾病死亡或者在 48 小时之内经抢救无效死亡的；

（二）在抢险救灾等维护国家利益、公共利益活动中受到伤害的；

（三）职工原在军队服役，因战、因公负伤致残，已取得革命伤残军人证，到用人单位后旧伤复发的。

五、职工符合本制度第三、第四条规定，但是有下列情形之一的，不得认定为工伤或者视同工伤：

（一）故意犯罪的；

（二）醉酒或者吸毒的；

（三）自残或者自杀的。

六、生产安全事故等级划分

根据《生产安全事故报告和调查处理条例》第三条有关规定,生产安全事故分为以下四个等级。

（一）特别重大事故

（1）一次造成 30 人以上（含 30 人）死亡；

（2）一次造成 100 人以上（含 100 人）重伤（包括急性工业中毒）；

（3）一次造成 1 亿元以上（含 1 亿元）直接经济损失。

（二）重大事故

（1）一次造成 10 ~ 29 人死亡；

（2）一次造成 50 ~ 99 人重伤（包括急性工业中毒）；

（3）一次造成 5 000 万 ~ 1 亿元直接经济损失。

（三）较大事故

（1）一次造成 3 ~ 9 人死亡；

（2）一次造成 10 ~ 49 人重伤（包括急性工业中毒）；

（3）一次造成 1 000 万 ~ 5 000 万元直接经济损失。

（四）一般事故

（1）一次造成 1 ~ 3 人死亡；

（2）一次造成 1 ~ 9 人重伤（包括急性工业中毒）；

（3）一次造成 100 万 ~ 1 000 万元直接经济损失。

七、生产安全事故的报告

《生产安全事故报告和调查处理条例》第四条第一款规定:"生产安全事故报告应当及时、准确、完整,任何单位和个人对事故不得迟报、漏报、谎报或者瞒报。"

生产安全事故报告程序及时限:事故发生后,事故现场有关人员应当立即向本单位负责人报告;情况紧急时,事故现场有关人员可以直接向事故发生地县级以上人民政府安全生产监督管理部门和负有安全生产监督管理职责的有关部门报告。

单位负责人接到事故报告后,应当于 1 小时内向事故发生地县级以上人民政府安全生产监督管理部门和负有安全生产监督管理职责的有关部门报告。

安全生产监督管理部门和负有安全生产监督管理职责的有关部门接到事故报告后,应当按照事故的级别逐级上报事故情况,并报告同级人民政府,通知公安机关、劳动保障行政部门、工会和检察院,且每级上报的时间不得超过 2 小时。

八、生产安全事故报告的内容

根据《生产安全事故报告和调查处理条例》的有关规定,事故报告的内容应当包括:

（一）事故发生单位的概况；

（二）事故发生的时间、地点以及事故现场情况；

（三）事故的简要经过；

（四）事故已经造成或者可能造成的伤亡人数；

（五）已经采取的措施；

（六）事故的补报。

九、事故调查

（一）事故调查必须坚持实事求是、尊重科学的原则。

（二）凡由政府相关部门组成调查组进行调查的事故，各单位应积极协助调查，凡调查涉及的单位和个人必须如实向调查人员提供有关证据、证词，不能弄虚作假、隐瞒事实真相。

（三）经政府相关部门授权委托事故的调查，企业须成立以主管生产安全的副总经理为组长的事故调查组，不再设副组长，成员由安全、人力资源、科技质量、工会等部门派员组成，也可聘请有关专家参与，并于10日内完成《事故调查报告》上报政府相关部门。

（四）轻伤事故发生单位在企业相关部门的配合下，48小时之内完成事故调查处理工作，将《事故调查报告》上报安全管理部门。

（五）事故调查报告包括以下内容：

（1）事故发生单位概况；

（2）事故发生经过和事故救援情况；

（3）事故造成的人员伤亡和直接经济损失；

（4）事故发生的原因和事故性质；

（5）事故责任的认定及对事故责任者的处理意见；

（6）事故的防范和整改措施；

（7）调查组成员签名。

一并提交的还应包括有关证据资料。

十、工伤认定和劳动功能障碍等级鉴定

（一）企业员工由于工伤事故所致伤亡，须在1个月内完成工伤认定工作，发生事故单位应该在事故发生后1周内将以下材料提供给安全管理部门，以便认定工作顺利进行：

（1）工伤认定申请表原件；

（2）工伤认定申请报告原件（单位或工会）；

（3）单位事故调查报告原件；

（4）工伤认定申请原件（个人）；

（5）受伤害职工身份证原件及复印件（原件确认后归还）；

（6）受伤害职工劳动合同原件及复印件（原件确认后归还）；

（7）首次诊断证明书原件及复印件；

（8）首次门诊病历及复印件；

（9）首次住院病历首页、入院证原件及复印件；

（10）职业病诊断证明书复印件；

（11）3人以上证言材料原件；

（12）受伤害职工彩色1寸照片4张；

（13）直系亲属关系证明复印件；

（14）医疗机构的抢救证明；

（15）火化证及户口注销证明复印件；

（16）营业执照复印件；

（17）县区劳动部门调查材料；

（18）发生交通事故需做工伤认定的，必须提供如下材料：

①交通管理部门事故责任认定书原件及复印件；

②驾驶证、行驶证复印件；

③上下班路线图、上下班时间表。

（二）劳动功能障碍等级鉴定应在医疗结束后，自发生事故1年内完成。劳动功能障碍等级鉴定必须提供如下资料：

（1）工伤认定决定通知书原件及复印件；

（2）工伤职工的居民身份证原件及复印件；

（3）工伤职工既往治疗的有效诊断证明、医疗机构出具的复印件或复制的完整病历（包括住院通知书、住院病历、辅助检查单及出院证明）；

（4）地市级劳动能力鉴定申请表、地市级劳动能力鉴定（结论）表；

（5）受伤害职工彩色1寸照片2张；

（6）复查鉴定需提供既往鉴定结论原件及复印件；

（7）其他地市级劳动能力鉴定委员会委托鉴定，需提供委托书。

十一、发生工伤事故单位应保存好伤亡职工在救治中所发生的费用单据，以备进行下一步处理工作。

8.2　项目部安全生产奖罚

项目部安全生产奖惩制度

为实施安全管理标准化，保障劳动者在劳动过程中的安全和健康，根据《中华人民共和国建筑法》、《中华人民共和国安全生产法》及上级有关文件精神，特制定本制度。

一、安全生产必须坚持"安全第一、预防为主、综合治理"的方针，"管生产必须管安全"，坚持谁主管谁负责的原则。

二、制定本制度的目的是通过安全生产各项工作实行全方位、全过程的跟踪监督管理和实施考评制度，加强激励机制，进一步增强职工的安全意识和安全责任感，促进施工安全措施的落实。

三、对于在下列方面做出成绩或贡献的人员应给予表彰和奖励。

1.认真贯彻执行安全生产方针、政策法规、规范标准，安全生产、文明施工成绩显著的。

2.安全生产保证体系健全,各项安全管理制度完善,内业资料齐全,全年无工伤事故的。

3.在安全生产活动和安全检查中取得优异成绩的。

4.在排除事故隐患或事故抢救中,舍身使人民生命和国家财产免受或少受损失的。

四、有下列违章行为之一的(含任何一条中的一项)将给予经济处罚。其中第一次处罚50～100元,第二次处罚100～300元,第三次处罚300～500元,情节严重者一次性罚款100～1 000元。

1.进入施工现场不戴安全帽者,穿带钉鞋、易滑鞋、硬底鞋、拖鞋、高跟鞋,打赤脚者。

2.高处危险作业不系安全带者。

3.使用气焊、切割、电焊、砂轮工具,不戴面罩或防护镜者。

4.无证开机,机械操作人员在操作中看书、谈笑、精力不集中者。

5.爬井架、脚手架,乘坐非乘人电梯、吊篮上下,坐在接料平台防护栏杆上者。

6.在仓库、临时工棚、木作车间使用电炉和任意设灶生火者。

五、现场施工机械未作保护接零,未在醒目处悬挂安全操作牌,设备起运前,安全防护不齐全或有缺陷,不遵守操作规程,操作无安全交底的,每项罚项目部20～50元。

六、"四口、五临边"防护不严,或没有防护,发现一次罚款50～100元,重要通道不搭防护棚的加倍处罚。

七、物料提升机未设卸料平台,卸料口无防护门,进料口没有围护,没搭设防护棚,每次处罚100～300元,防护不严密的罚款50～150元。安装前无安全技术交底,安装后不按规定验收就投入使用的罚款50～100元。

八、脚手架不按规定搭设,搭设前没有方案、技术交底,搭设后没有验收手续,每次处以50～100元罚款,若发生事故,追究有关人员责任。

九、不按规定架设安全网,每张网罚款50元。安装后没有验收手续,安全网质量不合格,安全网积物不及时清理,安全网支杆落点不牢,每张网罚款20～50元。

十、施工用电不采用TN–S系统供电的和未实行三级配电二级保护以及"一机一闸一漏一箱"的,罚款300～500元。

十一、项目接到整改通知书后,必须在指定的时间内整改完毕,并申请验收,过期不整改不反馈罚款200～500元,罚款后仍需整改。

十二、对于工伤事故隐瞒不报,或拖延不报的,除按有关法律法规处理外,还要通报批评,并处以500～1 000元罚款。

十三、按企业规定对安全生产忠于职守的安全管理人员将给予表彰和奖励,对于玩忽职守、滥用职权和徇私舞弊的人员,视情节轻重给予批评、行政处分,构成犯罪的由司法机关追究刑事责任。

十四、本制度凡与上级文件精神抵触的以上级文件为准。

项目部安全奖惩登记台账

序号	时间	受奖惩者	奖惩原因	奖惩情况	奖惩单位	备注

注:在该登记台账后附受奖惩者奖惩凭证。

罚 款 单

编号：

工程名称			
被检查单位		检查项目	
处罚内容：			
生产经理： 　　　　　年　月　日		安全员： 　　　　　年　月　日	

罚 款 单

编号：

工程名称			
被检查单位		检查项目	
处罚内容：			
生产经理： 　　　　　年　月　日		安全员： 　　　　　年　月　日	

8.3　应急救援预案

应急救援预案

安全生产事故应急救援预案(略)

坍塌倒塌应急救援预案(略)

高处坠落应急救援预案(略)

物体打击应急救援预案(略)

触电应急救援预案(略)

机械伤害应急救援预案(略)

特种设备应急救援预案(略)

火灾应急救援预案(略)

食物中毒应急救援预案(略)

8.4　预案培训、演练记录及照片

预案培训、演练记录及照片

(略)

8.5　职工伤亡事故月报表

职工伤亡事故月报表

（　　年　月）

填报单位：＿＿＿＿　　单位负责人：＿＿＿＿　　部门负责人：＿＿＿＿　　地点及电话：＿＿＿＿　　此表由企业汇总月后五日内报出

类别	平均在册人数	伤亡率(‰)	损失工日	合计			坠落			物击			机具伤害			车辆伤害			触电			灼烫			其他			另:册外		备注
				轻	重	死	轻	重	死	轻	重	死	轻	重	死	轻	重	死	轻	重	死	轻	重	死	轻	重	死	重	死	
合计																														

制表人：　　　　　　　　　　　　　　　　　　　　　　　　　报出日期：

8.6　职工伤亡事故快报表

职工伤亡事故快报表

事故发生的时间		年　　月　　日　　时　　分			
事故发生的工程名称					
事故发生的特点					
事故发生的企业(包括总、分包企业)					
名称	经济性质		资质等级	直接主管部门	业别
总包:					
分包:					
事故伤亡人员　其中:死亡　　人,重伤　　人,轻伤　　人					
姓名	伤亡程度	用工形式	工种	级别	性别	年龄	事故类型

姓名	伤亡程度	用工形式	工种	级别	性别	年龄	事故类型

事故的简要经过及原因初步分析(必须说明在从事何种工作时发生的事故,事故发生在现场或工程的部位及起因)	
事故发生后采取的措施及事故控制的情况	
报告单位		报告时间	

8.7　未遂事故登记表

<h2 style="text-align:center">未遂事故登记表</h2>

单位			
未遂事故地点		时间	
未遂事故简要经过及原因： 事故当事人：			
处理意见： 项目负责人：			
防范措施： 技术负责人：			

第 9 章　安全标志、标牌

9.1　标志、标牌管理制度

标志、标牌管理制度

1. 标志、标牌按照企业要求制作。
2. 保证标志、标牌的干净和整齐。
3. 任何人不得随意改变其位置或故意损坏标志、标牌,违者将处以经济处罚。
4. 标志、标牌要有专人负责管理,竣工后清理干净交仓库统一保存。
5. 任何人不得把标志、标牌挪作他用,违者将给予处罚。
6. 项目部由　　　　　　同志负责该项工作的实施与管理。

9.2　安全标志、标牌统计表

安全标志、标牌统计表

工程名称:

标志、标牌类别	标志、标牌名称	数量	编号	悬挂位置

9.3　安全标志、标牌布置平面图

安全标志、标牌布置平面图

（略）

第 2 篇　　文明施工管理

第 1 章　　施工组织与管理

1.1　工程项目开工安全及文明工地备案登记表

工程项目开工安全及文明工地备案登记表

工程名称：

建设单位：

监理单位：

备案单位：

联系人：　　　　　　　联系电话：

填报时间：

（企业名称）

填表说明

1. 建立安全生产备案登记的目的是掌握各项目部的安全生产管理机构、人员、设备状况,加强对各公司及各项目部的安全生产工作的监督检查,以防漏项失控。

2. 项目部在开工 20 日内由项目部安全员到企业安全管理部进行备案登记。

3. 项目部应在备案登记表封面加盖项目部公章,企业安全管理部在接到备案登记表后,应在封面加盖企业安全管理部印章。

4. 凡未备案登记的项目部发生事故后产生的一切后果由项目部负责,并追究有关负责人的责任。

5. 本表一式三份,盖章后生效。企业安全管理部、各公司、项目部各执一份。

一、基本情况

工程地址		建筑面积		
结构/层数		工程造价		
开工日期		竣工日期		
项目经理		证书编号	电话	
项目副经理		证书编号	电话	
项目副经理		证书编号	电话	
项目副经理		证书编号	电话	
项目安全员		证书编号	电话	
项目安全员		证书编号	电话	
项目安全员		证书编号	电话	
项目安全员		证书编号	电话	
项目安全员		证书编号	电话	

二、施工组织设计与专项安全方案

施工组织设计与专项安全方案名称		编制人	审核人	批准人	有	无
施工组织设计						
土方工程						
基坑支护工程						
模板工程						
临时用电工程						
卸料平台						
起重吊装工程						
起重机械设备安装、拆除工程						
脚手架工程	落地式脚手架					
	附着式升降脚手架					
	悬挑架					
	吊篮脚手架					
	门式脚手架					
应急救援预案	土方坍塌事故					
	触电事故					
	高处坠落事故					
	油品化学品伤害事故					
	食物中毒事故					

三、安全生产目标

		轻伤	‰
1	事故频率(5‰)	重伤	‰
		死亡	
2	安全达标		

四、分包单位情况

单位名称		地址	
电话		传真	
营业执照 注册号		安全生产 许可证号	
法定代表人		职务	
安全负责人		职务	
安全员		证号	
安全合同(有/无)			

五、陕西省文明工地（房建工程）备案表

工程名称		工程概况	建筑面积	
工程地址			结构形式	
建设单位			层数	
监理单位			工程造价	
设计单位			形象进度	
监督机构			开工	日期
			竣工	
施工许可证			发证机关	
主承建单位			安全生产许可证号	

企业技术负责人		安全考核合格证号				
项目经理		资格证书编号		安全员	上岗证号	
		注册编号				
		安全考核合格证号			安全证号	
		电话				
项目副经理		资格证书编号		安全员	上岗证号	
		注册编号				
		安全考核合格证号			安全证号	
		电话				
项目副经理		资格证书编号		安全员	上岗证号	
		注册编号				
		安全考核合格证号			安全证号	
		电话				

施工企业意见： 施工企业盖章 年　月　日	监理单位意见： 监理单位盖章 年　月　日	建设单位意见： 建设单位盖章 年　月　日

续表

市(区)质量安全监督机构意见：
公　章 年　　月　　日
市(区)建设行政主管部门公章 年　　月　　日
陕西省建设工程质量安全监督总站备案专用章 年　　月　　日

注:1. 提供施工企业资质证书、安全生产许可证、建筑工程施工许可证、建筑工程安全生产备案书、人身意外伤害保险单、质量监督手续、建造师(项目经理)证书及安全生产考核合格证、安全员上岗证及安全生产考核合格证的复印件加盖企业公章,同本表一式三份,逐级上报至陕西省建设工程质量安全监督总站备案。

2. 陕西省级文明工地在城市规划区内申报面积为西安市 20 000 m² 以上(含 20 000 m²),其他各市(区)城区内为 10 000 m² 以上,各县(市、区)为 6 000 m² 以上。

3. 房屋建筑工程应在主体工程施工前、其他工程应在工程开工后 20 个工作日内进行登记备案。

4. 1 万 m² 以下的工程,设一名安全员,1 万~5 万 m² 的工程,设不少于两名安全员;5 万 m² 以上(含 5 万 m²)的工程,设不少于三名安全员,且按专业配备。

5. 创建文明工地计划和工程形象进度计划另附材料。

六、陕西省文明工地(市政工程)备案表

工程名称			工程概况	主要工程量	道路				
工程地址					管线				
建设单位									
监理单位				工程造价					
设计单位				形象进度					
监督机构				开工竣工	日期				
主承建单位				安全生产许可证号					
企业技术负责人		安全考核合格证号							
项目经理		资格证书编号		安全员			上岗证号		
		注册编号							
		安全考核合格证号					安全证号		
		电话							
项目副经理		资格证书编号		安全员			上岗证号		
		注册编号							
		安全考核合格证号					安全证号		
		电话							
项目副经理		资格证书编号		安全员			上岗证号		
		注册编号							
		安全考核合格证号					安全证号		
		电话							

施工企业意见:	监理单位意见:	建设单位意见:
施工企业盖章	监理单位盖章	建设单位盖章
年 月 日	年 月 日	年 月 日

续表

该工程监督机构意见：
公　章 年　　月　　日
市(区)建设行政主管部门公章 年　　月　　日
陕西省建设工程质量安全监督总站备案专用章 年　　月　　日

注：1. 提供施工企业资质证书、安全生产许可证、建筑工程施工许可证、建筑工程安全生产备案书、人身意外伤害保险单、质量监督手续、建造师(项目经理)证书及安全生产考核合格证、安全员上岗证及安全生产考核合格证的复印件加盖企业公章同本表一式三份,逐级上报至陕西省建设工程质量安全监督总站备案。

　　2. 1 500 万元以上的工程,设一名项目经理,5 000 万~1 亿元的工程,可设一正一副两名项目经理;1 亿元以上的工程,可设一正两副三名项目经理。5 000 万元以下的工程,设一名安全员;5 000 万~1 亿元的工程,设两名安全员;1 亿元以上的工程,设不少于三名安全员,且按专业配备。

　　3. 创建文明工地计划和工程形象进度计划另附材料。

1.2　中标通知书

中标通知书

（略）

1.3　施工许可证

施工许可证

（略）

1.4　工程项目团体意外伤害保险

工程项目团体意外伤害保险

（略）

1.5　创建文明工地计划书

创建文明工地计划书

（略）

1.6　文明施工自检记录

文明施工自检记录

检查时间：　　　年　月　日

序号	检查项目	检查内容	检查记录
1	现场围挡	市区主要路段的工地周围应设置高于2.5 m的围挡	
		一般路段的工地周围应设置高于1.8 m的围挡	
		围挡应沿工地四周连续设置并坚固、稳定、整洁、美观	
2	封闭管理	进出口设置大门,无运料车辆进出时大门应关闭,现场人员进出走侧门或小门	
		在进出口大门内侧砌筑门卫室,专职保安人员负责大门的开关和治安保卫工作	
		门卫应有管理制度,悬挂在门卫室墙上,门卫室应整洁,不得堆放杂物	
		施工现场人员进出应佩戴表现其身份的工作卡	
		大门设置企业标志,整洁、醒目、美观	
		大门内侧设置"九牌二图",内容完整、规范、整洁、美观、醒目	
		施工现场按施工平面图,明显划分施工作业区、办公区和生活区	
		办公室和会议室布置整齐美观,符合集团公司标准化建设手册要求	
3	施工场地	施工现场道路、堆料场必须做硬化处理,道路畅通	
		施工现场应有排水坡、排水管、排水沟等排水设施,工地无积水	
		泥浆、污水和废水应有处理措施,不得流入人行道、车行道和堵塞下水道等	
		施工现场应设置吸烟处,不得随意吸烟	
		温暖季节,在施工现场适当位置布置盆花、盆树等	
		施工现场有安全标志和标语,挂设位置适当、醒目,起警示作用	
4	材料堆放	现场的材料、构件、料具应按施工平面图的布局堆放	
		水泥、钢材、构件等要堆放整齐,并挂材料标志牌	
		施工过程中,每道工序、分项(部)工程完成后,做到工完场清	
		建筑垃圾及时清理至垃圾台内,并定期清运	
		易燃易爆物品应分类存放,存放点附近不得有火源	

续表

序号	检查项目	检查内容	检查记录
5	生活设施	生活区包括食堂、宿舍、浴室和学习、娱乐场所,宿舍有保暖、消暑等措施;在建工程内严禁住人	
		宿舍内生活用品放置整齐,宿舍周围环境卫生,无污水和生活垃圾	
		施工现场应设水冲式男女厕所,蹲位与现场人员比为1:30左右,禁止随地大小便;八层以上在建工程每隔四层设有临时厕所	
		食堂符合卫生要求,食堂人员无传染病,持健康证上岗	
		食堂应烧开水、配茶水,工地有开水桶,饮具洁净,饮水符合卫生要求	
		浴室设施使用功能齐全,卫生符合要求	
		宿舍、食堂等处应设生活垃圾容器,生活垃圾及时清理,有专人负责	
		生活区统一制定卫生责任制,专人管理,责任落实到有关人员	
		适当位置设宣传栏、读报栏、外形美观、内容新颖、定期更换,有教育意义	
6	现场防火	有消防措施、制度,经常开展消防安全活动和消防安全知识宣传教育	
		有消防器材,消防器材配备、设置合理	
		高层建筑有消防水源,并满足消防要求	
		施工现场使用明火,有审批手续,指派动用明火监护人	
7	治安保卫	项目部应有专职治安保卫人员,建立治安保卫制度,明确职责	
		有与当地有关部门签订的流动人口计划生育责任书	
		有治安防范措施,严防材料、机具和职工钱物被盗	
8	保健急救	设有临时医务室,配有一般性疾病和工伤急救药品,医务人员经常巡查	
		施工现场对"五大伤害"事故有急救措施,配备急救器材	
		医务人员责任心强,并经过急救培训,熟悉急救方法	
		经常利用宣传栏、黑板报进行卫生防病宣传教育	
9	社区服务	有防粉尘、防噪声措施,且实施情况良好	
		在市区噪声敏感建筑物集中区域内,夜间未经许可不得施工	
		施工现场不得焚烧有毒、有害物质	
		有施工不扰民措施,措施符合要求和实际	
检查人员签字			

第2章　现场围挡及封闭管理

2.1　围挡、大门设计图纸

围挡、大门设计图纸

（包括基础做法、材质、高度等）

（略）

2.2　围挡施工验收记录

围挡施工验收记录

工程名称				
序号	项目	验收要求		验收结果
1	设置要求	在市区主要路段和市容景观的工地周围应设置高于2.5 m的围挡；一般路段的工地周围应设置高于1.8 m的围挡		
		围挡应沿工地四周连续设置		

续表

序号	项目	验收要求	验收结果
2	结构构造	围挡材料应坚固、稳定、整洁、美观,应选用砌体、金属板材等硬质材料	
		砌体围挡应有压顶;彩钢板(木胶板)围挡应有型钢构架	
		按规范设置壁柱(墙垛),砌体围挡壁柱间距、金属板材围挡壁柱间距应符合要求	
		施工现场分区围挡应符合工具式、定型化要求	
3	大门	设置位置合理的进出口大门,设置门卫室并制定管理制度,大门设置企业标志符合集团公司标准化建设手册要求	
4	使用与维护	围挡应粉刷(油漆)、美化,并定期采取保洁措施	
		围挡不得用于挡土或承重	
		围挡与内侧堆放材料安全距离应符合要求	
5	其他		
验收意见			
项目经理:	技术负责人:	施工员:　　　　安全员:　　　　其他人员:	

2.3　门卫制度

门卫制度

　　1.门卫室是现场安全防范的第一道关口,必须坚持 24 小时值守(开关门时间和夜间值守形式视工作需要由项目决定)。

　　2.坚持门卫谁值班,谁负责的制度。值班人员必须坚守岗位,严格履行职责,认真执行有关规定。

　　3.坚持门卫值班登记制度。对外来人员必须按照规定办理手续,对出入车辆拉运的物资材料,应有详细记录。

　　4.门卫值班人员对出入可疑人员有盘问和检查的权利。对出入拉运的建材可协助材料人员清点数量,检查规格,遇有私拿公物或盗窃等违法违纪行为,应及时报告,送有关部门处理。

　　5.文明值班:值班人员必须佩戴胸牌或袖章,坚持卫生清扫制度,保持值班室内外的整洁卫生,爱护值班室的公共设施和物品。

　　6.坚持交接班制度,按时交接班。认真填写值班日志,交接班要有具体工作内容。

　　7.准确及时传递信息,不得误压电报、挂号信等邮件。

2.4　出入人员登记表

出入人员登记表

月	日	时	分	来访人姓名	事由	被访人姓名	备注

2.5 进出车辆登记表

进出车辆登记表

日期	车辆出入	货物名称	车牌号	签名	出入证号或批准人	备注
	进时					
	出时					
	进时					
	出时					
	进时					
	出时					
	进时					
	出时					
	进时					
	出时					
	进时					
	出时					
	进时					
	出时					
	进时					
	出时					
	进时					
	出时					
	进时					
	出时					

2.6　管理人员工作卡示意图

管理人员工作卡示意图（或复印件）

（略）

2.7　作业人员工作卡示意图

作业人员工作卡示意图（或复印件）

（略）

第 3 章　场容场貌(施工场地及材料堆放)管理

3.1　施工现场平面布置图

施工现场平面布置图

(包括道路改排水沟的位置和做法、材料堆放、吸烟室(点)、绿化布置等)

(略)

3.2　施工现场材料堆放安全要求

施工现场材料堆放安全要求

1. 一般要求

(1)建筑材料的堆放应当根据用量大小、使用时间长短、供应与运输情况确定,用量大、使用时间长、供应运输方便的,应当分期分批进场,以减少堆场和仓库面积。

(2)施工现场各种工具、构件、材料的堆放必须按照总平面图规定的位置放置。

(3)位置应选择适当,便于运输和装卸,应减少二次搬运。

(4)地势较高、坚实、平坦,需回填土的应分层夯实,要有排水措施,符合安全、防火的要求。

(5)应当按照品种、规格堆放,并设明显标牌,标明名称、规格和产地等。

(6)各种材料物品必须堆放整齐。

2.主要材料半成品的堆放

(1)大型工具,应当一头见齐。

(2)钢筋应当堆放整齐,用方木垫起,不宜放在潮湿和暴露在外受雨水冲淋。

(3)砖应码放成方垛,不准超高并距沟槽坑边不小于0.5 m,防止坍塌。

(4)砂、石堆放应分别砌筑不低于0.5 m的围墙,并用苫(网)覆盖。

(5)各种模板应当按规格分类堆放整齐,地面应平整坚实,叠放高度一般不宜超过1.5 m;大模板存放应放在经专门设计的存架上,应当采用两块大模板面对面存放,当存放在施工楼层上时,应当满足自稳角度并有可靠的防倾倒措施。

(6)混凝土构件堆放场地应坚实、平整,按规格、型号堆放,垫木位置要正确,多层构件的垫木要上下对齐,垛位不准超高;混凝土墙板宜设插放架,插放架要焊接或绑扎牢固,防止倒塌。

3.场地清理

作业区及建筑物楼层内,要做到工完场地清,拆模时应当随拆随清理运走,不能马上运走的应码放整齐。

各楼层清理的垃圾不得长期堆放在楼层内,应装在容器内吊运或使用专门设置的垃圾管道输送到地面,并应分类集中堆放至指定地点,定期清运。

3.3　材料标志标牌示意

材料标志标牌示意(或照片)

(略)

3.4　材料标志标牌设置照片

材料标志标牌设置照片

（略）

3.5　工完场清管理制度

工完场清管理制度

现场落手清工作是搞好项目部现场场容场貌的基础,也是安全生产,文明施工,不断提高经济效益、降低成本的有效措施,为节约原材料充分利用,特定以下管理制度:

一、落手清工作最根本的要求是"工完料尽场地清"。

二、施工现场必须做到边施工边清理,落地灰、钢筋、砖块、木料、扣件、铁钉、铁丝等及时清理回收利用,不能利用的建筑垃圾倒在指定地点。

三、钢筋班落手清制度

1.钢筋制作必须经过周密的配料计算,尽量减少短钢筋头等废料。

2.完成一个检验批后,应及时把剩余的钢筋料、垫块整理转运到规定地点,分类堆齐,不散失在建筑物四周。

3.扎钩、铅丝每次下班保管好,不乱散丢。

4.钢筋垫块用毕,应及时整理归堆,不乱散丢。

四、木工班落手清制度

1.配制模板区域和锯、刨车四周应做到日清,木屑、短废料清理,倒在指定地点,不乱倒散失。

2.模板安装应做到检验批完毕后及时把所剩余木料、钢模零件、扣件、钢管等全部整理干净,送到规定堆放点,不留尾巴。

3.高空拆模不准把拆下的模板从高空往下抛掷。拆下的模板必须及时整理干净,涂刷脱模油,并归运到规定堆放点,分类堆放整齐。U形卡、扣件等配件收拾清理,不留尾、不散丢。

五、瓦工班落手清制度

1.在操作过程中应做到:

①落地灰及时清理回收利用;

②断砖能搭配使用;

③碎砖及砖片当天清扫干净不散乱;

④操作点完毕,整砖应及时整理转移。

2.脚手板、高凳等用后及时整理,不乱摊放。

3.手扒翻斗车用后铲净,当天冲洗干净。泥桶、积灰斗等工具使用后及时刮净,当天冲洗清洁。

4.封闭式搅拌机棚内外地面保持整洁,无砂浆结硬,无积水,水龙头不自流。

5.砂堆经常保持底脚清,筛下砂头集中堆放、不乱撒。砌砖和砌块底脚应随用随清,不留尾、不散失,倾斜砖随时清点。

6.浇筑混凝土之前,先清洗场地,防止杂质混入混凝土中。

7.落地的混凝土应及时清理利用。混凝土浇筑完后,泵管、U形卡、橡皮圈、振捣器电缆线等应及时清理归放。

六、其他工程工完场清制度

1.保险丝、插座、电线头、胶布等电气用具及其他工具用具应随时随地保管好,不到处乱丢乱放。

2.电焊条不随地散乱,电焊机龙头线、搭铁线、氧气瓶、乙炔瓶、压力表、橡胶气带等下班后收拢分类放置。

3.油漆、涂料等应按计划使用,尽量做到工完料尽,空桶回收。

3.6 工完场清检查记录

工完场清检查记录

施工单位		工程名称	
检查人员		检查日期	

检查记录及结论：

记录人：

年 月 日

整改措施：

负责人：

年 月 日

验证结果：

负责人：

年 月 日

第 4 章　施工现场标牌管理

4.1　×牌×图标牌设置照片

×牌×图标牌设置照片

（略）

4.2　设备操作规程牌设置照片

设备操作规程牌设置照片

（略）

4.3　管理人员胸牌示意

管理人员胸牌示意（或照片）

（略）

4.4　安全宣传标语及文明礼貌用语汇编

安全宣传标语及文明礼貌用语汇编

工程名称：

安全标语：
文明礼貌用语：

4.5　安全宣传标语及文明礼貌用语设置照片

安全宣传标语及文明礼貌用语设置照片

（略）

4.6　宣传栏、报栏内容汇编

宣传栏、报栏内容汇编

工程名称：　　　　　　　　　　　　　　　　　　　　　　第　　期

（略）

　　　　　　　　　　　　　　　　　　　　　　　　年　月　日

4.7　宣传栏、报栏设置照片

宣传栏、报栏设置照片

（略）

第5章　作业条件环境保护(社区服务)管理

5.1　噪声防治管理制度

噪声防治管理制度

1. 施工场地靠近市区、学校、医院及居民点的,高噪声设备尽量布设在远离敏感点一端,并尽量利用天然挡蔽物隔声。

2. 合理安排施工场地。混凝土拌和场、预制场、机械加工点等尽量远离居民集中点,稳态噪声声压级大于 70 dB(A)的机械设备须远离居民点 300 m 以上的位置运行。

3. 合理规划施工场地内各种机械设备,使高噪声机械、设备尽量保持一定距离,减少噪声累加。在比较固定的机械设备附近,修建临时隔离屏障,减少噪声传播。

4. 合理安排物料运输的时间,减少对居民夜间休息和学生上课的影响。在经过村镇、学校、医院时,减速慢行、禁止鸣笛。

5. 施工时加强对敏感点处的噪声监控监测,超出场界噪声标准的应采取相应改进措施,如设置临时隔声屏障或为敏感点住户安装通风隔声窗。

6. 尽量采用低噪声设备,事先进行测量,禁止不符合国家标准的机械进入施工场地。加强对机械设备的日常维修和保养,每日检查,每周保养,维持最低噪声的运行状态。

7. 按劳动卫生标准控制机械操作工人及现场工作人员的工作时间,配发并督促佩戴隔声耳塞、耳罩等防护物品。安排操作稳态噪声声压级大于 70 dB(A)机械设备(包含挖掘机、装载机、推土机、压路机等)的工人采用短循环轮流作业,每个工人在高音环境连续操作时间不得超过 6 小时。

8. 定期对长期在稳态噪声声压级大于 70 dB(A)的环境中工作的工人进行听力检查,一般最长不超过半年检查一次,对听力有明显下降的工人应调离高噪声工作环境并安排到其他低噪声工作岗位。

5.2　防止噪声污染措施

防止噪声污染措施

1. 施工现场进行文明施工,建立健全人为噪声的管理制度,尽量减少人为的大声喧哗,增强全体施工人员防噪声扰民的意识。

2. 强噪声时间的控制

合理安排作业时间,若晚间作业超过22时,早晨作业不早于6时,特殊情况连续作业的,应尽量采取降噪措施,并报环保部门备案后方可施工。

3. 强噪声机械的降噪措施

减少因施工现场加工制作产生的噪声,所有半成品加工、制作都要安排到加工厂车间去完成(如预制构件、木门窗制作等)。

尽量选用低噪声或备用消声降噪设备的施工机械。对施工现场的强噪声机械要设置封闭的机械棚,以减少强噪声的扩散。

5.3　施工现场场界噪声测定记录

施工现场场界噪声测定记录

工程名称:

序号	测定时间	测定位置	白天测值	夜晚测定值	备注
1					
2					
3					
4					
5					
6					
7					
8					
9					
10					
11					
12					
13					
14					
15					
16					
17					
18					

5.4　粉尘防治管理制度

粉尘防治管理制度

1. 粉尘防护系指各类粉尘、肺组织的检查与评定、工程控制措施、防尘口罩的要求及使用、除尘设备设施的要求、使用及维护,职工培训以及记录保存等。

2. 项目部技术负责人负责制订粉尘防治计划并组织实施。

3. 项目部应在粉尘作业场所设置监测点。按照《中华人民共和国尘肺病防治条例》的要求,至少每季度进行一次检测。在作业场所粉尘浓度可能发生改变时,应及时检测变化情况。

4. 检测结果应以书面或公告形式通知有关人员。作业场所应有警示标志,进入该区域作业人员应佩戴合适有效的防尘口罩。

5. 凡接触粉尘的职工应按照卫生部《职业健康监护管理办法》(2002 年卫生部令第23 号)的检查项目和周期进行职业健康检查,避免职业禁忌者从事接触粉尘作业。

6. 超过限值的作业场所,应积极采取综合防尘措施和无尘或低尘的新技术、新工艺、新设备,使作业场所的粉尘浓度不超过国家卫生标准,粉尘控制设备应经常维修保养,确保粉尘控制效果。

7. 应对职工进行粉尘防护培训,主要内容包括:

(1)粉尘对健康的危害。

(2)健康体检的目的和程序。

(3)粉尘实际检测结果及粉尘控制的一般办法。

(4)各类型防尘口罩的优缺点和如何使用、佩戴、保管和更换过滤芯等。

5.5　粉尘防治控制措施

粉尘防治控制措施

一、为了对施工现场和生产作业活动中所产生的粉尘进行控制,预防和控制职业病及粉尘对环境的影响,特制定下列控制措施。

二、本措施适用于施工现场对粉尘的管理和控制。

三、职责

项目部应确定环境管理员负责依据本规定对粉尘污染进行管理。

四、粉尘防治

1. 施工现场道路扬尘控制

现场主要道路进行硬化,其余空地应进行适当绿化,由于其他原因而未做到的硬化部位,应压实地面,定期洒水,减少灰尘对周围环境的污染。

出施工现场的运输车辆应对车轮及底盘进行冲洗,以防粘在车轮和底盘上的泥土带到道路上,造成扬尘。

施工现场道路应有专人打扫和洒水湿润。

2. 建筑垃圾产生粉尘的控制

建筑垃圾、渣土应在指定地点堆放,每日进行清理,清理时应在垃圾表面层适量洒水或用彩条布、安全网覆盖,防止刮风引起扬沙和扬尘,垃圾池满后应及时清运,清运时应适量洒水以减少扬尘。

高层或多层建筑清理施工垃圾,应使用封闭的专用垃圾道或采用容器吊运,严禁随意凌空抛撒造成扬尘。

施工时应采用合理的工序和工艺,杜绝浪费,尽量减少垃圾的产生。

不得在施工现场融化沥青和焚烧油毡、油漆,亦不得焚烧其他可产生有毒有害烟尘和恶臭气味的废弃物。

3. 原材料的运输、储存产生的粉尘控制

含有粉尘的原材料运输时应尽可能采用封闭车厢进行,减少粉尘排放到大气中。散装水泥必须使用专用车辆运输。散装水泥和其他易飞扬的细颗粒散体材料应尽量安排在库内存放,如露天存放应采用封闭容器或严密遮盖。

装卸有粉尘的材料时,应洒水湿润和在仓库内进行。砂石应集中堆放,集中堆放地点应用砖砌体围护,并经常洒水湿润。

对可产生粉尘的材料,搬运人员应尽量做到"轻拿轻放",避免不必要的摔、掼,产生灰尘。

其他不可用水湿润而可产生粉尘的材料,如石灰,储运时应注意检查包装完好。

4. 施工作业产生的粉尘的控制

材料加工时一般应考虑采用湿式作业,向作业面或材料洒水,或采取喷雾等措施,以防止粉尘飞扬。

木材加工应集中地点,并对作业场所进行封闭,作业人员应配备相应的安全防护措施。木材加工机械的飞轮、皮带轮转动时,易使木屑飞扬,必须安装防护罩。

生石灰的熟化和灰土施工应适当洒水,杜绝扬尘。

进行石材、混凝土砌块、面砖等切割作业时应采用湿式作业,购买切割机时,应购买带有灭尘装置的切割机。使用时,用水桶装水作为水源,将软管接到切割机上,水流大小以达到灭尘效果为准。如不能湿式作业的,必须集中地点切割,并对加工场所进行封闭,作业人员配备相应的防护措施。

利用风镐破石时,应将水源接到作业场所,并有专人进行洒水或喷雾。

拆除旧建筑物时,应配合洒水,减少扬尘污染。

5. 焊接产生金属烟尘的控制

提高焊接技术,改进焊接工艺和材料。焊接操作尽量实现机械化、自动化,人与焊接环境相隔离;合理设计焊接容器的结构,采用单面焊、双面成型新工艺,避免焊工在通风极差的容器内进行焊接;选用具有电焊烟尘离子荷电就地抑制技术的 CO_2 保护电焊工艺,可使80%~90%的电焊烟尘被抑制在工作表面,实现就地净化烟尘,减少电焊烟尘污染;选择无毒或低毒的电焊条。

改善作业场所的通风状况,在自然通风较差的室内、封闭的容器内进行焊接时,必须有机械通风措施。

作业人员必须使用相应的防护装置,如面罩、口罩等,若在通风条件差的封闭容器内工作,还要佩戴使用有送风性能的防护头盔。

6.喷砂作业产生粉尘的控制

改革工艺过程,革新生产设备,以铁丸喷砂代替石英喷砂。

采用密闭、吸风、除尘方法。产生粉尘的作业空间应尽可能密闭,并用局部机械吸风,使密闭空间内保持一定的负压,防止粉尘外逸。抽出的含尘空气必须经过除尘净化处理,才能排出,避免污染大气。

应重视个人防护,可戴轻而透气性好、滤尘率高的软性泡沫塑料口罩,或戴送风式橡皮口罩。若粉尘浓度很高,则应戴送风式头盔。

7.车辆运输管理规定

施工现场应根据需要设置机动车辆冲洗设施,施工运输车辆必须冲洗干净后方能离场上路行驶,冲洗污水应进行处理。

装运建筑材料、土石方、建筑垃圾及工程渣土的车辆,应当按照有关规定设置密封式加盖装置,防止沿途泄漏、散落或者飞扬,并按规定的时间和路线行驶。

8.卫生保健措施

个人防护和个人卫生。对受到条件限制时粉尘浓度达不到允许浓度标准的作业,必须佩戴合适的防尘口罩。防尘口罩应采用滤尘率高、透气率高、重量轻、不影响工人视野及操作的类型。作业工人应遵守防尘操作规程,严格执行未佩戴防尘口罩不上岗操作的制度。

就业前及定期体检。对新从事粉尘作业工人,必须进行健康检查,目的主要是发现粉尘作业就业禁忌症及作为健康资料。定期体检的目的在于早期发现粉尘对健康的损害,发现有不宜从事粉尘作业的疾病时,及时调离。

5.6　固体废弃物管理制度

施工现场固体废弃物管理制度

一、为贯彻落实《中华人民共和国固体废物污染环境防治法》,遵循对固体废弃物实行减量化、资源化、无害化的防治原则,防止施工现场固体废弃物对环境造成污染,特制定本制度。

二、本制度适用于项目施工现场生产、办公、经营活动中产生的固体废弃物的收集、储存、运输、处置。

三、职责

项目部要监督、检查施工现场做好固体废弃物的分类、收集、处置管理工作。

四、工作程序

1. 固体废弃物分类

分类	回收利用情况	固体废弃物名称
一般废弃物	可回收利用	废钢材、废纸、废木材、废水泥袋、废塑料、食堂泔水
	不可回收利用	生活垃圾、建筑垃圾、沥青渣、废混料、炉渣、废土石方、废蓄电池
危险废弃物	可处置的	含油固体废物、废油、废含油手套、棉纱、废油桶
	需特殊处置的	废旧日光灯泡、废旧干电池、废石棉制品、化学原料容器、沥青包装桶、化工原料包装桶、废放射源

2. 固体废弃物收集、储存

(1)收集箱的分类与废弃物收集。

序号	收集分类	主要收集内容
1	生活垃圾箱	废弃食物、烟头、茶叶、食品袋、清扫卫生垃圾、落叶
2	废纸收集箱	办公用纸、报纸、各类印刷品
3	含油废弃物收集箱	废油手套、油抹布、油棉纱
4	废油收集箱	废机油、废润滑油
5	废石棉制品收集箱	废石棉垫、石棉绳
6	泔水收集箱	泔水
7	需特殊处置收集箱	废日光灯管、废电池、废蓄电池、废放射源

（2）堆料场的分类与废弃物的收集。

序号	收集废料场分类	主要收集内容
1	废建材堆料场	废钢铁、废木材、废电线、电缆
2	建筑垃圾堆料场	废混凝土、木屑、废水泥袋

（3）收集箱、堆料场的分类与整理。

项目部统一安排堆料场地、施工现场建立专项垃圾站,存放建筑施工垃圾。废建材堆料场设置围挡,并设立标志,明确责任人。

3.固体废弃物回收

项目部指派专人回收各类固体废弃物,集中存放,根据回收量的大小安排处置时间。

4.项目部应适时对固体废弃物处置相关方资格予以确认,形成记录。将固体废弃物交相关方处置,并记录处置量。

5.危险固体废弃物处置

（1）项目部办公室对废旧日光灯管和废旧干电池采取以旧换新管理,回收后统一存放。

（2）项目部对石棉及石棉制品采取以旧换新管理,回收时要密封统一存放,到一定数量时,采取深埋处理,由相关方负责处理。

（3）施工生产中产生的含油废弃物,全部回收到确定的锅炉房焚烧处置。

（4）汽车、运输车辆、挖土机、铲车等工程机械、设备产生的废润滑油、废机油在修理间进行换油处理,产生的废油集中存放,卖给有资质的处理商处理。

6.固体废弃物的运输

固体废弃物,特别是建筑垃圾在运输过程中不得有泄漏、扬尘、遗撒现象。项目经理部在与相关方签订外销、外运合同时,需明确本工程环境管理方面的要求,对违反要求的现象接受当地环保部门的处置。

5.7　固体废弃物控制措施

固体废弃物控制措施

一、为了加强对施工现场固体废弃物污染环境的防治,遵循对固体废弃物实行"减量化、资源化、无害化"的防治原则,真正做到节材、节能和环境保护,特制定固体废弃物控制措施。

二、本措施适用于施工现场对固体废弃物的管理和控制。

三、固体废弃物控制措施

1.加强施工人员的技能训练和素质提升,教育施工人员节约材料,保护环境,同时对其进行技术培训,提高操作技术水平,尽量做到少失误、不失误,少返工、不返工,达到节约材料且少出废料。

2. 不断改善施工工艺,采用新技术、新工艺,利用技术进步来减少或避免废弃物的产生。通过控制施工精度,加快模板周转,保证混凝土表面的平整度,减少抹灰,有效控制废弃物的产生,增加了使用空间,提高了工程质量。

3. 实现"提前计划、精确量算、优化下料"的方针,尽量减少材料的浪费。

4. 加强施工现场的监管,不定期检查施工人员操作是否规范下料。

5. 协调好各分包单位的关系,加强沟通,合理搭接施工工序,避免错误施工和不必要的返工。

6. 对施工现场产生的固体垃圾进行分类清理,分类放置,提高废料的回收利用率。根据固体废弃物的物理和化学性质,综合利用筛分、重力分选、人工分选等方式实现高纯度分拣。按照"减量化、资源化、无害化"的原则加强废弃物处理,提高固体废弃物的处置效率以及由此产生的环境效益、经济效益、社会效益。

5.8　夜间施工许可证

夜间施工许可证

（略）

5.9 车辆清洗台图纸

车辆清洗台图纸(包括做法、材质)

（略）

5.10 车辆清洗台设置照片

车辆清洗台设置照片

（略）

第6章　现场防火防爆与治安综合治理管理

6.1　施工现场消防管理制度

施工现场消防管理制度

为了认真贯彻消防工作"预防为主、防消结合"的指导方针,使每个职工懂得消防工作的重要性,增强群众防范意识,把事故消灭在萌芽状态,现结合施工现场的实际情况,制定以下防火管理制度。

1.项目负责人应全面负责施工现场的防火安全工作,建设单位应积极督促项目部具体负责现场的消防管理和检查工作。

2.项目部要建立健全防火检查制度,发现火灾隐患,必须立即消除,一时难以消除的隐患,要定人员、定时间、定措施限期整改。

3.施工现场发生火灾或火警应立即报告公安消防部门,并组织力量抢救。

4.根据"四不放过"原则,在火灾事故发生后,项目部和建设单位应共同做好现场保护和会同消防部门进行现场勘查的工作。对火灾事故的处理提出建议,并积极落实防范措施。

5.施工单位在承建工程项目签订的工程合同中,必须有防火安全的内容,会同建设单位共同搞好防火工作。

6.在编制施工组织设计时,施工总平面图、施工方法和施工技术均要符合消防要求。

7.施工现场应明确划分用火作业,易燃易爆材料堆场、仓库、易燃废品集中站和生活区等区域。

8.施工现场夜间应有照明设备,保持消防通道畅通无阻,并要安排力量加强值班巡逻。

9.施工作业期间需搭设临时性建筑物,必须经项目负责人批准,施工结束后应及时拆除。不得在高压架空线下面搭设临时性建筑物或堆放可燃物品。

10.施工现场应配备足够的消防器材,指定专人维护、管理、定期更新,保证完整好用。

11.在土建施工时,应先将消防器材和设施配备好,有条件的应敷设好室外消防水管和消防栓。

12.焊、割作业点,氧气瓶、乙炔瓶、易燃易爆物品的距离应符合有关规定;如达不到上述要求时应执行动火审批制度,并采取有效的安全隔离措施。

13. 施工现场的焊割作业，必须符合防火要求，并严格执行"电焊十不烧"规定。

14. 施工现场用电，应严格执行上级有关文件规定，加强电源管理，防止发生电器火灾。

15. 冬季施工采用保温加热措施时，应进行安全教育；施工过程中，应安排专人巡逻检查，发现隐患及时处理。

6.2 治安保卫管理制度

治安保卫管理制度

1. 为加强治安综合管理，维护工地治安秩序，保护职工的合法利益，保障生产秩序的正常进行，不允许任何个人或群体扰乱内部秩序，妨碍公共安全，侵犯公私财产。

2. 凡刚进场的班组，班组长应携带班组每个工人的身份证复印件及两张相片到现场办公室办理出入证并做好安全教育工作。

3. 人员及材料进出要有登记，亲友访问时要有登记。

4. 违反治安管理造成直接经济损失或伤害他人的，由违反治安管理的人赔偿损失或者负担医药费及停工造成的一切损失。

5. 施工现场所属员工必须自觉遵守有关治安管理的"九大禁令"：

(1) 严禁本工地职工不携带出入卡自由出入，若发现罚款10元/次。

(2) 禁止非法胁迫、诱骗他人或教唆他人违反治安管理或对检举人、证人进行打击报复。

(3) 严禁结群斗殴、寻衅滋事、殴打他人、非法限制他人人身自由和侵占他人财物、侮辱或进行其他违法犯罪活动。

(4) 严禁造谣惑众、煽动闹事、谎报险情、制造混乱或阻碍国家工作人员执行公务。

(5) 禁止非法携带爆炸、剧毒、易燃、易爆、放射性等危险物品进入工地。

(6) 禁止隐藏、毁弃或者私拆他人邮件、电报。

(7) 严禁偷窃、骗取、抢夺、故意损坏公共财物和敲诈勒索他人财物。

(8) 严禁在工地内进行嫖宿、卖淫、吸毒、赌博或传播淫书、淫画等不良行为。

(9) 严禁携带小孩进入施工现场。

6. 做好各保卫的交接班工作，并要办理必备手续登记。

7. 工地保卫要服从管理按时作息，不准擅自离开工作岗位，不准留宿来访亲友，不准收留没有证件的人员。

8. 工地职工外出探亲、访友等，在社会上违章、违纪、犯罪者，工地一概不予负责，其后果自负。

6.3　易燃易爆及危险品管理

易燃易爆危险品材料库的设置、
安全要求及其管理制度

一、易燃、易爆材料管理办法

1. 管理职责

(1)项目部主管领导对易燃易爆材料仓库的设置、设施、消防安全负有监督检查和有关协调责任。

(2)项目材料组长按照有关规定,对易燃易爆材料的安全管理负有组织实施、全面落实的责任。

(3)仓库保管员是易燃易爆材料验收、保管发放、防火的第一责任人。

2. 管理要求

(1)易燃易爆材料仓库不能和住宿、办公、操作间在同一栋建筑物内,离住宿、办公、操作间、火点 15 m 以外,消防通道要畅通。

(2)根据有关规定(《危险货物品名表》(GB 12268))分类分项储存,化学性质相抵触或灭火方法不同的易燃易爆材料不得在同一房内储存。

(3)采购人员应严格执行采购计划,按质按量采购、安全运输到收料仓库。

(4)仓库保管员收料时,在环境安全的情况下应严格审核有关资料,认真验收,仔细登记,挂卡标志。

(5)不超储、合理堆放,应轻拿轻放,防止碰撞、拖拉和倾倒。照明灯泡不得大于 60 W,人离灯熄、门关。

(6)发料时,保管员应认真审核发料凭证,当面点交清楚,不得无证发料。

(7)库区应张挂消防安全警示牌、火警电话牌、第一安全责任人牌,并设置完整有效的消防设施。

(8)仓库保管员应严格执行仓库管理制度,掌握易燃易爆材料管理的基本常识,会使用消防设施,牢记火警电话119,遇到险情不退缩。

(9)仓库保管员应做好台账处理,管好各种凭证。

(10)项目材料组长应组织有关人员对易燃易爆材料的管理工作进行定期和不定期的检查,以促使该项工作的持续改进。

3. 事故责任

在易燃易爆材料的管理工作中,若发生责任事故,应按企业有关规定和《中华人民共和国安全生产法》第九十条有关规定查处。

二、易燃易爆危险品材料库管理制度

1. 库房内应符合防爆、防雷、防潮、防水和防鼠的要求,并应通风良好,湿度适宜。

2. 仓库应设置在隐蔽、安全的地方,并应有专人管理看护。

3. 库房内严禁吸烟和禁带火种,门口悬挂或张贴"危险区域、闲人莫入"的醒目标志。

4. 保管和领用人员必须当面点数签字,领用人员亲自送到现场,中途不得转手。

5. 作业完后剩余的物品和材料,应分别送入库房存放,并登记入账。

三、易燃易爆危险品材料库的设置与安全要求

为了从措施上杜绝重大的火灾事故,易燃易爆材料应与其他材料分开存放,均需建立易燃易爆品库房。这类库房主要有变电间、易燃易爆品库房、乙炔库等,现对它们的设置与安全要求作如下的说明:

1. 变电间、易燃易爆品库房与临时设施的间距不得小于 15 m,存放汽油等易燃物品库房应单独修建,并与建筑工程用火作业区、易燃材料堆放区均保持不小于 30 m,禁止在高压线下搭设易燃品库及堆放易燃材料。

2. 厨房必须单独设置在临时设施区域的常年下风向,并保持 15 m 的间距,变电间、乙炔库以及存放易燃物品的库房,应单独设置在地势较高、不易积水的地带,并使用非燃材料建设,室内高度不得低于 4 m,应有良好的通风,存放乙炔发生器的库房其屋顶采用轻度材料。

3. 在这些库房门前应按规定设置消防器材,消防器材应有专人负责维修保养。

有毒物品的保管、发放管理制度

1. 有毒物品设专库,并由专人保管,保管人员应懂每种材料的性能特点和保管知识,并严格按产品说明书的要求存放。

2. 堆放时应将产品的标志和说明书外露,以便查找。

3. 对人身安全有危害的有毒物品,应对接触该产品的人员配备防毒保护用品,确保人身安全。

4. 库房外应设醒目的标志,并严禁其他人员靠近。

5. 发放时应按产品说明书的要求,并采取先进先出的原则发放。

6. 保管人员应经常检查物品的保管情况,避免因保管不善而造成的产品受潮、变质或泄漏等情况的发生,发现问题及时处理。

7. 对于工程竣工后剩余的有毒物品应及时予以处理,以避免造成人身伤害或不必要的经济损失。

有毒物品使用及防毒措施

1. 开工前,现场施工人员必须向参加操作的人员进行安全技术交底。要详细、认真地将所用材料的品种、规格、性能和有关设备,以及操作过程中应注意事项交代清楚。

2. 施工现场应有急救备用药品,以防操作过程中急救之用。

3. 在地下室、基础、池壁、管道等地方用有毒、有害的涂料涂抹防水作业时,应有通风设备和防护措施,并应及时轮换操作。

4. 卷材防水施工时,必须穿戴规定的防护用品。操作人员不得赤脚及穿短裤、短袖衣服进行操作,裤脚、袖口必须扎紧。

5. 施工过程中如发生恶心、头晕、刺激过敏等情况,应立即停止操作。

6. 使用生漆时,操作人员必须戴好防护用品,严防生漆与皮肤接触,面部可涂防护油膏。

7. 使用毒性或刺激性较大的涂料时,现场应加强管理,除穿戴防护用品外,还应适当采取操作人员轮换、工间休息、下工后冲洗、沐浴等措施。若不慎与腐蚀或刺激性物质接触,要立即用水或乙醇擦洗。

易燃、易爆、有毒物品入库登记表

工程名称						
序号	名称	类别	数量	保管地点	保管人	入库时间

易燃、易爆、有毒物品发放登记表

工程名称						
序号	物品名称	数量	单位	领用人	用途	返回数量

6.4 消防设施

消防设施器材清单

工程名称				
编号	消防设施器材名称	型号	布置部位	备注

消防设施器材合格证粘贴单

（略）

消防设施器材验收记录表

序号	检查内容	检查数量	存在问题和隐患	整改结果
1	灭火器			
2	沙箱			
3	消防亭			
4	应急灯			
5	消防栓			
6	消防通道			
7	消防桶			
8	消防铁锹			

验收人： 验收时间：

消防器材设置平面布置图

（略）

消防安全检查表

工程名称：

检查项目	检查要求	结果
消防安全管理制度	现场消防管理制度、责任制、防火标志和宣传防火领导小组成员、器材装备	
易燃物	现场有禁烟火标牌，作业部位易燃物清理或隔离易燃物，易燃物与现场悬挂消防标志明火的安全距离	
消防标志器材数量	危险品仓库每100 m² 配4 只种类适应的灭火器；油漆库、材料库、木工间每100 m² 配4 只灭火器，配电室配备种类合适的灭火器	
特殊场所防火	高度超过24 m 建筑主体设置足够扬程的水泵和通信报警装置	
检查意见：	检查时间	
	检查人员	
	监理人员	

6.5　动火作业管理

动火作业管理制度

1. 严格执行临时动火"三级"审批制度,动火作业得到批准后,方能动火作业。动火作业必须做到"八不"、"四要"、"一清理"。

2. 动火前"八不":

(1)防火、灭火措施不落实不动火。

(2)周围的易燃物未清除不动火。

(3)附近难以移动的易燃结构未采取安全防范措施不动火。

(4)盛装过油类易燃液体的容器、管道未经清洗干净、排除残存的油质不动火。

(5)盛装过气体会受热膨胀并有爆炸危险的容器和管道不动火。

(6)储存有易燃、易爆物品的车间、仓库和场所未经排除易燃、易爆危险的不动火。

(7)在高处进行焊接或切割作业时下面的可燃物品未清理或未采取安全防护措施的不动火。

(8)未配备相应的灭火器材的不动火。

3. 动火中"四要":

(1)动火前要指定现场安全负责人。

(2)现场安全负责人和动火人员必须经常注意动火情况,发现不安全苗头时要立即停止动火。

(3)发生火灾爆炸事故时,要及时扑救。

(4)动火人员要严格执行安全操作规程。

4. 动火后"一清理":动火人员和现场安全责任人在动火后,应彻底清理现场火种,才能离开现场。

5. 动火作业前后要告知防火检查员或值班人员。

6. 高处焊、割作业时要有专人监焊,必须落实防止焊渣飞溅、切割物下跌的安全措施。

7. 装修阶段,在施工范围内不准吸烟,严禁油漆及木制作作业与动火作业同时进行。

8. 乙炔瓶应直立放置,使用不得靠近热源,应距明火不少于 10 m,与氧气瓶应保持不少于 5 m 距离,不得露天存放、暴晒。

施工现场三级动火申请审批表

施工单位		工程名称		动火等级	

动火须知	动火部位		动火时间	年　月　日 至 年　月　日

动火须知

一级动火

1.禁火区域内

2.油罐、油箱、油槽车和储存过可燃气体、易燃液体的容器以及连接在一起的辅助设备

3.各种受压设备

4.危险性较大的登高焊、割作业

5.比较密封的室内、容器内、地下室内等场所

6.现场堆有大量可燃和易爆物质的场所

7.一级动火由所在单位行政负责人填写动火申请审批表,编制安全技术措施方案,报企业保卫部门或消防部门审查、审批后方可动火(重要项目的动火应报当地消防部门审批)

二级动火

1.在具有一定危险因素的非禁火区域内进行临时焊割等动火作业;小型油箱等容器及登高焊、割作业等动火作业均属二级动火作业

2.二级动火,申请人应在四天前提出,批准最长期限为三天,期满应重新申请

3.二级作业申请审批表由项目负责人填写,并附安全技术方案,报本单位主管部门批准

三级动火

1.在非固定的、无明显危险因素的场所进行动火作业的均属三级动火

2.三级动火作业由作业班组填写动火申请审批表,项目负责人批准

3.三级动火,申请人应在三天前提出,批准后最长期限为七天,期满后应重新申请

防火措施

1.电焊、气割,严格遵守"十不烧"规程操作

2.操作前应检查所有工具、电焊机、电源开关及线路是否良好,金属外壳应有安全可靠接地或接零,进出线应有完整的防护罩,进出线端应用铜接头焊牢

3.每台电焊机应有专用电源控制开关。开关的保险丝容量应为该机的1.5倍,严禁用其他金属丝代替保险丝,完工后,切断电源

4.清除焊渣时,面部不应正对焊纹,防止焊渣溅入眼内

5.注意安全用电,电线不准乱拖乱拉,电源线均应架空扎牢

6.焊割点周围和下方应采取防火措施,并应指定专人防火监护

7.电焊时应正确使用防护面罩和专门手套进行操作

审批意见

批准人签名:

年　月　日

焊工姓名		监护人姓名	
操作证号码		申请动火人签名	

6.6 治安协议书

治安协议书

甲方(项目部)：

乙方(分包单位)：

为了确保施工现场和施工人员生命、财产安全,加强治安防范工作,经双方协商达成如下协议。

一、甲方责任

(1)制定和完善项目部治安保卫管理制度及防范措施。

(2)对入场施工人员做到人数清、情况明,并进行法律、法规和企业各项管理制度的宣传教育活动。

(3)建立施工现场治安保卫领导小组(必须有分包单位管理人员参加),坚持经常性地对施工现场进行治安检查,发现问题及时纠正,对违法违规者,有权进行处罚,情节严重者交公安机关处理。

二、乙方责任

(1)对进场的劳务人员必须做到人数清、情况明。

(2)加强法制教育,提高劳务人员遵守国家法律、法规和企业、项目部各项管理制度的自觉性。

(3)经常组织对宿舍进行检查,严禁有赌博、吸毒、卖淫、嫖娼等行为,严禁留宿外来人员。

(4)严禁在宿舍、工地及工地外打架、斗殴或参与外部违法活动。若发现违法事件,首先控制事态的发展,并及时与项目部治安保卫小组负责人联络,做到合理处理。

未尽事宜严格按国家治安管理条例执行。

甲、乙双方应该认真履行自己的职责,加强管理,严格要求,保证施工现场及驻地周围和谐、稳定。

甲方：   乙方：

负责人：   治安负责人：

            年 月 日   年 月 日

6.7　防火协议书

防火协议书

甲方(项目部)：

乙方(分包单位)：

　　为了防止施工现场火灾事故发生,保障国家财产和个人生命安全,保证施工顺利进行,经协商达成如下防火协议。

　　一、甲方责任

　　(1)制定施工现场防火安全管理制度,宣传政府部门防火规定,建立有劳务人员参加的义务消防队,现场醒目位置悬挂"119"报警电话。

　　(2)购置符合标准化的消防器材,并按平面布置图设放;消防器材设专人管理,经常检查,及时补充和更换,保证有效使用。

　　(3)定期组织施工现场防火安全检查,发现隐患,及时提出整改措施,要求限期整改,并附整改结果。

　　(4)对防火安全管理制度不认真落实、整改不到位或出现火情的,有权给予经济处罚;火情严重的,立即组织义务消防队灭火或呼叫当地消防队灭火,一切损失责令乙方赔偿,并追究当事人责任。

　　二、乙方责任

　　(1)认真宣传防火规定和施工现场防火安全管理制度,提高施工人员的防火意识,指导施工人员掌握消防器材的使用和保养常识。

　　(2)任何人不得随意挪动和损坏消防器材及设施;确需动火作业的,必须持项目部审批的"动火证",并有防范措施,在专人监护下方可动火作业;吸烟人员自觉到现场吸烟点吸烟,严禁乱扔烟蒂,避免火灾事故发生。

　　(3)配合甲方对施工现场防火情况进行检查,对甲方提出的整改要求,应尽快组织落实,整改完毕后,必须通过甲方复查。

　　(4)配合甲方施工现场防火管理需要,有权对工地消防情况进行检查,对工地可能出现的火情隐患有权责令改正。

　　三、若出现险情,甲、乙双方有及时派员参加扑救的义务和视情及时拨打"119"火警电话报警,以保护国家财产和人民生命安全的义务。对违法者及时送交公安部门处理。

　　四、出现火警时,甲、乙双方应及时提供消防器材和消防水源,不得提出任何条件。

　　五、乙方应负责配备常用消防器材,成立义务消防队。

六、甲、乙双方均应共同遵守政府部门的防火规定,教育职工掌握防火知识和消防器材的使用保养常识,以免紧急情况下措手不及。

七、未尽事宜,按当地消防部门的相关规定执行。

甲方:　　　　　　　　　　　　乙方:

负责人:　　　　　　　　　　　负责人:

　　　　年　月　日　　　　　　　　　　年　月　日

6.8　环保协议书

环保协议书

甲方(项目部):

乙方(分包单位):

为了防止由于建筑工地施工造成的环境污染,保证建筑工地附近居民及施工人员的身心健康,依据国家和地方政府相关环保规定,特制定如下协议。

一、甲方责任

(1)大力宣传环保意义,制定施工现场预防环境污染管理制度和控制措施。

(2)根据现场实际,配备环保设备、器具,搭建环保设施。

(3)定期组织检查环境污染情况,发现问题责令乙方及时整改,情况严重的应视情节给予经济处罚。

二、乙方责任

(1)教育劳务人员认真执行预防环境污染管理制度,自觉落实控制措施。

(2)严格控制作业时间,晚间作业不超过22时,早晨作业不早于6时,特殊情况连续作业(夜间施工),应尽量减少噪声。

(3)施工现场的噪声机械,如搅拌机、电锯、电刨、砂轮机等,尽量放在封闭的机械棚内,减少噪声的扩散。

(4)施工现场道路全部用混凝土浇筑,使其能承受一定点对点的荷载,并随时洒水,防止道路扬尘。

(5)水泥、石灰等粉细散装材料,在室内(水泥库或石灰库)存放卸运时要采取有效措施,减少扬尘。

(6)严禁违章明火作业,经过审批后方可动火,要控制烟尘排放。

(7)对驶出施工现场的车辆进行冲洗,待冲洗完后方可驶出大门。

（8）施工现场搅拌机前设置沉淀池,做到废水再次利用。工地道路放坡1%,使自然水能畅通流至水沟。

（9）施工现场临时食堂应设置有效的隔油池,加强管理,定期掏油,防污染。

（10）施工现场建筑垃圾应用封闭的专用垃圾道或装在容器内,用翻斗车推拉至地面,严禁随意凌空抛撒造成扬尘。施工垃圾要及时清运,清运时,适量洒水以减少扬尘。

甲方：　　　　　　　　　　　　乙方：

负责人：　　　　　　　　　　　负责人：

　　　年　月　日　　　　　　　　　　年　月　日

6.9　防火、防盗、防中毒教育培训记录及照片

防火、防盗、防中毒教育培训记录

工程名称			
授课人		教育时间	
教育对象			
主要内容：			
			记录人：

注：此表后附签到表及图像资料。

6.10　防火、防盗、防中毒定期安全检查记录

防火、防盗、防中毒定期安全检查记录

施工单位		工程名称	
检查人员		检查日期	
检查记录及结论： 记录人： 年　月　日			
整改措施： 负责人： 年　月　日			
验证结果： 负责人： 年　月　日			

第 7 章　生活设施管理

7.1　生活区、道路卫生管理制度

生活区、道路卫生管理制度

1.生活区内场院:道路平整,无积水现象,并有专人负责清扫,及时将垃圾倒入封闭式垃圾台内,保持场(院)道路干净、整洁。

2.场(院)内设晒衣区,不准随意乱拉晒衣线。

3.厕所、浴室设专人打扫、冲洗,定期消毒。

4.职工宿舍负责人要认真履行职责,要求轮流打扫卫生,不留死角,床铺平整、干净,被子叠放整齐,生活用品摆放整洁、有序,衣物入柜。

5.洗衣、洗漱池内严禁倒剩饭剩菜,保证污水排放畅通。

6.生活区用电安装、使用必须符合安全用电规范、标准,严禁乱拉乱接电源线,严禁用电炉做饭、取暖。

负责人:　　　　　　　　　　监护人:

7.2　生活区平面布置图

生活区平面布置图

(包括垃圾箱、垃圾堆放点及设置照片)

(略)

7.3　装配式活动板房

活动板房有效资料复印件

（加盖红章）

生产厂家资料

制造许可证、产品合格证、检测报告

备案登记表、使用说明书

安装单位资料

资质证书、安全生产许可证

装配式彩钢活动板房验收记录表

工程名称：

安装地点			生产厂家	
安装时间			验收时间	
验收项目			验收结果	
分部	分项		结果	备注
重点验收项目	具备产品质量检测合格证明及合格证,产品使用说明书			
	钢构件的焊接部位无脱焊			
	钢构件无明显变形、损坏和严重锈蚀			
	基础的混凝土、砂浆强度应符合设计要求			
	楼面板质量符合设计要求,锁定装置齐全有效			
	节点螺栓规格、数量应符合设计要求,连接牢固			
	圆钢拉杆体系符合设计要求,花篮螺栓的锁定装置完好			
一般验收项目	楼面板应安装平稳、拼缝紧密、无积水			
	屋面板和墙板无明显变形、损坏,固定螺栓、防水垫圈、金属垫圈、尼龙套管等齐全,连接可靠			
	屋面板应安装平稳、檐口平直,板的搭接方向正确一致			
	附着式墙板安装应排板正确,表面平整,嵌入式墙板安装应平整,上下搭接缝应采用企口缝,搭接长度不小于 15 mm			
	室内电器线路应采用 PVC 管(槽)明敷,布线整齐美观,电器配置符合设计要求,线路无绝缘老化及接长使用			
	防火:防火间距符合规范要求,消防通道通畅,灭火器配置符合要求,布局合理;厨房等用火场所防火隔热措施有效			
	防雷:防雷接地设置符合设计和规范要求,接地电阻检测合格			
	防腐:钢构件应油漆完好、无锈蚀,外露螺栓防护得当,活动房周边应排水通畅,无积水,不准放杂物			
验收结果		验收人员	安装单位负责人:	
			施工单位技术负责人:	
			施工单位安全员:	
			监理单位:	

7.4　食堂管理

食堂管理制度

1.认真贯彻食堂达标管理办法,不断加强炊管人员的业务学习,争创文明食堂。

2.认真落实后勤工作人员岗位职责,保证食堂干净卫生。

3.认真贯彻食品卫生法和卫生"五四制",严防病从口入,杜绝食物中毒。

4.设立专职或兼职五大员,建立五本账,做好账务的管理和餐券的回笼工作,执行购物计量、验收、签证制度。

5.抓好伙食调剂,加强成本核算,随行就市,力求保本经营,当月盈亏不超过 ±1.5%,认真做到日清、旬结、月公布,并及时做送报表。

6.定期召开伙委会,食堂会计汇报本月成本,听取职工意见,改善伙食,强化管理。

食堂卫生许可证复印件

(略)

预防食物中毒管理办法

1.建立健全各项食品卫生管理规章制度,并认真落实到位。

2.加强食堂卫生管理。严把索证关、验收关、消毒关。加强环节管理,注重提高环节管理质量;加强餐具管理,严格清洗消毒程序。

3.食堂工作人员开展经常性的食品卫生教育。重点进行食品卫生法制教育培训,提高食堂工作人员的卫生意识和法制意识,做到持证上岗。

4.重视食堂的环境卫生和食堂工作人员的个人卫生,并定期对食堂工作人员进行体检,发现有不适合从事食品工作的人员,应及时调离岗位。

5.控制细菌的污染繁殖,按照食品分类低温保藏的卫生要求储存食品,防止食品腐烂变质,生熟分开。

6.在食品供应过程中或员工用餐时发现食品感官形状可疑或疑似变质时,经确认后立即撤收并处理该批全部食品,立即通知所有员工停止使用。

食堂防"四害"措施

为了加强施工现场职工食堂卫生管理,预防传染病和食物中毒等事故的发生,特制定防"四害"措施如下:

一、防鼠措施

1. 规范防鼠设施。门窗严丝合缝,门与门框、窗与窗棱缝隙应小于6 mm;楼房地下室或地上一层的窗户及通风孔应加装13 mm × 13 mm的铁丝网;各种管道或电缆进出建筑的孔洞用水泥等材料堵塞;室内可能被鼠类利用的孔洞、缝隙也用水泥填堵。

2. 改造环境,做好环境卫生,铲除鼠类孳生繁殖场所。

3. 投放老鼠药。室内:可投放在鼠洞旁,鼠道上(即沿墙根)等鼠类活动的栖息场所。室外:沿路边投放,注意补充灭鼠毒饵,毒饵投放后至少要保留一周以上。要注意避免将毒饵放在下水道口、路中心等易被水冲、破坏掉的地方。

4. 断绝鼠粮,妥善保管食物,及时清理垃圾。

5. 某些特殊部位,鼠药不宜投放时,改用鼠夹、粘鼠板等物理捕鼠法,效果甚好。

二、防蝇措施

1. 食堂、食品加工房和仓库等场所,必须安装纱门、纱窗或防蝇门帘。橱柜必须有纱门,存放食物处必须有纱罩。

2. 搞好食堂的卫生,应经常清扫、消毒,保持清洁卫生环境。

3. 及时清除垃圾,做到日产日清加盖密封,或掩埋。发酵的物品要妥善保管,及时清运,防止招蝇生蛆。

三、防蚊措施

1. 控制和消除孳生场所。要改造阴沟、疏通下水道、填平洼地,防止形成死水,同时要搞好环境卫生。

2. 夏日傍晚采取关闭室内灯光,打开门窗,让蚊虫飞到室外,然后紧闭纱窗纱门。

3. 化学防治,指应用化学杀虫剂来消灭蚊虫,是目前使用比较广泛的一种防治方法。科学的方法有使用蚊香、电蚊香、防蚊液、杀蚊气雾剂等。

四、防蟑螂措施

1. 仔细地检查下水沟、墙上的裂缝、地板隔及窗户,防止蟑螂进入。

2. 保持室内干燥,尤其是厨房。

3. 用餐后要将食物及时密闭,将地上及垃圾袋内的垃圾及时清理,另外炉灶等处也要定期清洁。

4. 投灭蟑毒饵。选用效果好的毒饵,主要投放在碗橱、抽屉内、水池旁等蟑螂经常活动的场所。密闭性好的空间可用烟熏片,这些药物对人毒性较低,相对安全。

5. 彻底清洗、打扫所有橱柜和其他相关物品,清除所有的蟑螂卵夹、粪便和蟑螂呕吐物。

6. 用水泥或油灰将墙壁、橱柜等的缝隙全部抹平。

炊事机具合格证粘贴单

（略）

炊事机具验收记录

工程名称：

机具名称				设备编号		
验收项目		验收评定		验收项目		验收评定
状况	机架、机座		电源部分	开关箱		
	动力、传动部位			一次线长度		
	附件			漏电保护		
防护装置	防护罩			接零保护		
	轴盖			绝缘保护		
	刃口防护		操作场所空间、安装情况			
	挡板					
	阀					
验收结论						
后勤负责人：				项目安全员：		
机具操作人：				项目电工：		

炊事人员健康证复印件

（略）

卫生许可证及炊事人员健康证公示牌照片

（略）

预防食物中毒知识教育培训记录

工程名称			
授课人		教育时间	
教育对象			

主要内容：

　　　　　　　　　　　　　　　　　　　　　　　　　　　记录人：

注：此表后附签到表及图像资料。

食堂卫生、安全定期检查记录

工程名称		单位名称	
检查人员		检查日期	

检查存在问题：

整改措施：

负责人：　　　　　　　　　日期：

复查意见：

负责人：　　　　　　　　　日期：

食堂原料及半成品采购验收记录

施工单位			工程名称		
食物名称	验收内容				是否合格
	生产厂家	出厂日期	保质期	进货时间	
采购人			验收人		
食堂负责人			验收时间		

注:米、面、油、盐、肉类应索取合格证;菜类食品 25 kg 以上必须有记录。

7.5 厕所管理

厕所管理制度

1. 如厕人员应做到大便入坑,小便入池。
2. 严禁乱扔手纸。
3. 严禁在厕所墙面乱写乱画。
4. 对不讲卫生的行为处以 5 ~ 10 元罚款。
5. 厕所设专人管理,项目部定期检查。

责任人: 监护人:

厕所管理制度设置照片

（略）

楼层厕所设置照片

（略）

厕所定期冲洗、消毒记录表

工程名称：

日期	冲洗	消毒

7.6　浴室管理

职工浴室管理制度

1. 仅对本单位职工开放，外单位人员不得入内。
2. 爱护室内公共财物。
3. 节约用水，人走水关。
4. 浴室内严禁乱扔杂物，严禁在浴室内洗衣物。
5. 勿携带贵重物品进入，否则后果自负。
6. 开放时间：
女：每天 18:00 ~ 20:00
男：每天 20:30 ~ 23:00

负责人：　　　　　　　　　　　　监护人：

浴室管理制度设置照片

（略）

浴室定期检查、消毒记录表

工程名称：

日期	检查结果	消毒

7.7　宿舍管理

职工宿舍管理制度

一、卫生

1. 宿舍内保持清洁卫生,地面经常打扫,餐具、工具、被褥摆放整齐。

2. 保持环境卫生,不得乱倒剩饭、剩菜及生活垃圾。

3. 床下不得乱扔杂物,每天轮流清扫,确保室内卫生。

二、治安

1. 按时休息,不得喧哗、吵闹他人。

2. 应妥善保管自己的生活用品,为预防意外发生,将贵重物品放置在安全处。

3. 禁止在宿舍内赌博、吸毒、私自留宿外来人员。

4. 宿舍人员应每人配备钥匙,并不得转交他人。

5. 严禁损坏宿舍内外的公共财物,损坏者照价赔偿,并处以适当罚款。

三、防火

1. 不得在宿舍内焚烧纸张,以免造成火灾。

2. 若在室内吸烟,应及时将火源熄灭或将烟头捻灭,不得随手扔置室内。

3. 室内不得放置易燃易爆物品,若发现有此情况者,应立即将物品上交有关人员,以便妥善处理。

4. 不得乱接、私拉电线,严禁使用电炉或变向使用 1 kW 以上(包括 1 kW)设施用具。使用电热壶及其他电器烧水者,不得离开较长时间,以免开水满溢,造成其他事故。

5. 若发现有不安全因素存在,应及时采取有效措施,防止造成更大的财产损失或人身伤亡。

以上各条应自觉遵守,如违约,罚款 100~300 元,情节严重者,经公司保卫科报当地司法机关处理;对获得"文明宿舍"称号者,给予表扬、奖励。

职工宿舍人员名单

宿舍号		
负责人		
舍员		

宿舍卫生值日表

日期	值日人员
星期一	
星期二	
星期三	
星期四	
星期五	
星期六	
星期日	

宿舍定期检查记录

工程名称		检查日期	
检查人员			

检查存在问题：

整改措施：

后勤负责人：　　　　　　　日期：

复查意见：

复查人：　　　　　　　日期：

7.8 提供给分包单位的办公、生活设施交接验收记录

提供给分包单位的办公、生活设施交接验收记录

年　　月　　日

施工单位				工程名称		
交出单位				接收单位		
交接内容		规格	数量	验收结果		备注
住房	栋(间)					
	结构					
	门					
	窗					
	电线线路					
	线盒开关					
	床、板					
	衣柜					
	脸盆架					
	标牌					
	其他					
办公室及用品	办公室(间)					
	结构					
	门					
	窗					
	桌					
	椅					
	档案柜					
	空调					
	其他					
食堂	栋(间)					
	结构					
	门					
	窗					
	电线线路					
	线盒灯具					
	其他					
厕所	栋(间)					
	结构					
	灭蝇灯					
	标牌					

项目负责人：　　　　　　　交出人：　　　　　　　接收人：

第 8 章　保健急救管理

8.1　医疗急救管理制度

医疗急救管理制度

一、在企业及公司的领导下,结合本单位实际情况,对医务人员定岗定责任。

二、医务人员要严格遵守卫生部门的各项规章制度,严守国家卫生法规法令。

三、严格药械管理,防止假冒伪劣药品,防止潮湿霉变,保证职工用药安全有效。

四、严格医疗费用审批制度,厉行节约。

五、对职工伤病及传染病做到心中有数,防止疫情传播。

六、严格执行计划生育政策,加强单位及流动人口的计划生育管理工作,计划生育率要达到100%。

七、急救措施

1. 根据工地人数,保证急救药品和器材的到位工作。

2. 一旦发现有人受伤或意外伤亡情况,立即送医务室进行包扎、救治。重伤以上立即拨打120急救电话,请求协助救治或立即转送就近医院救治。

3. 遇有休克与危重患者,应立即进行现场急救,同时拨打120急救电话,立即转送急救中心救治。

4. 遇有中毒、中暑等疾病患者,应立即送到就近医院抢救,同时上报有关部门,查明中毒原因,采取相应措施,确保患者生命安全。

8.2　传染病预防和控制措施

传染病预防和控制措施

根据《中华人民共和国传染病防治法》及《国家突发公共卫生事件应急预案》相关规定,为进一步加强传染病的防治与管理工作,保证广大职工身心健康,结合施工现场实际情况,特制定传染病预防和控制措施。

1. 加强施工现场出入人员管理。对于进场新工和外来人员,必须查明身份,观察身体状况,若发现有可疑之处,严禁进入;要求劳务队严格选用年龄合适、身体健康、没有传染病史的人员,杜绝传染源流入。

2. 加强健康教育。采取多种形式,如黑板报、宣传栏,并聘请专职医务人员讲解传染病的分类及预防知识,教育大家改变不良卫生习惯和行为,配置和使用必要的个人防护用品。在流感和传染病流行时,严格要求自己,规范个人行为,不随意外出参与人群聚集活动和出入不健康场所,避免病毒感染。

3. 改善环境卫生条件。保护水源,提供安全饮用水;加强职工食堂、宿舍、厕所、浴室卫生管理,及时清运垃圾,在阴暗、潮湿处定期喷洒药剂,落实除"四害"措施,杜绝传染病的滋生和传播。

4. 定期体检。定期组织体检,特别是炊事人员必须定期检查身体,体检结果归档管理,便于掌握身体变化情况。遇到季节性流行感冒或其他传染病的暴发,应及时注射疫苗,防止传染病的发生。

5. 对传染病疑似患者的处理。若发现传染病或疑似传染病者,立即将其送往医疗机构治疗,防止传染病的扩散。

8.3　急救器材及保健药箱配置表

急救器材及保健药箱配置表

工程名称:

序号	名称	单位	数量	规格	备注

8.4　急救人员花名册

急救人员花名册

工程名称：

姓名	年龄	职务	急救知识教育情况	联系电话	备注

8.5　卫生防病和急救知识教育培训记录及照片

卫生防病和急救知识教育培训记录

工程名称			
授课人		教育时间	
教育对象			
主要内容：			
			记录人：

注：此表后附签到表及图像资料。

第3篇　施工现场安全管理

第1章　脚手架工程

1.1　脚手架管理制度

脚手架安全管理制度

一、认真贯彻"安全第一、预防为主、综合治理"的方针,成立以项目经理为组长的外架搭拆安全领导小组,先对工程的特点进行讨论,由主任工程师认真编写《外脚手架施工方案》,经过职能部门进行审批。

二、由生产经理、外架工长成为外架搭拆副组长,外架班成为安全搭拆小组,外架搭拆小组成员认真学习《脚手架施工方案》,全面掌握《建筑施工扣件式钢管脚手架安全技术规范》(JGJ 130—2011),时刻关注现场施工生产状况,搭拆前由外架工长向搭设班组下达安全技术交底书,班组履行签字手续后方准开始搭设及拆除施工,并由外架班长每天对班组成员进行班前安全教育。

三、脚手架搭设及拆除人员必须是经过省住建厅教育培训、考核合格的专业架子工,上岗人员定期检查身体,合格者持证上岗。

四、外架搭设及拆除人员作业时,必须严格按照方案及交底进行搭设及拆除作业。严禁违章指挥,违章操作,违反现场劳动纪律。外架搭设班组进入现场作业必须正确使用个人劳动保护用品,戴好安全帽并扣好帽带,高处作业系好安全带,穿防滑鞋。搭设拆除过程严格按操作规程进行。高空作业时操作工具和架设材料要放置稳固,防止坠落伤人,操作人员严禁酒后上岗和带病上岗。

五、脚手架的构配件及钢管材质与搭设质量,按照 JGJ 130—2011 规范中第 8 章的规定进行验收,合格后方准投入使用,搭设过程中外架班组要分层进行报验。

六、外架作业层的施工荷载不得超载。严禁将模板支架、缆风绳、泵送混凝土的输送管道等固定在脚手架上,并严禁悬挂起重设备。

七、在脚手架使用期间,严禁拆除主节点处的纵、横向水平杆和纵、横向扫地杆,以及外架拉墙杆件。

八、外架搭设安全领导小组要定期与不定期相结合,经常对外架进行安全检查,发现问题立即采取措施,及时消除安全隐患。当遇有六级及六级以上大风和雾、雨雪天气时应立即停止外架的搭设拆除作业。雨、雪后上架作业应有防滑措施,并应清除积雪和霜冻。

九、不得在外脚手架基础及其邻近处进行挖掘作业,否则应采取安全可靠措施,并报外架安全领导小组批准。

十、邻街搭设外脚手架时,外侧应有防止坠物伤人的防护措施,脚手架的接地、避雷应按现行作业规范 JGJ 46—2005 的有关规定执行。

十一、搭拆外脚手架时,地面应设围栏和警戒标志,并派专人看守,严禁非操作人员入内。

十二、外脚手架在使用期间要贯彻"预防为主、防消结合"的消防方针,及时清理外脚手架的易燃建材,限制在外脚手架上动用明火,动用明火时要有三级动火审批手续,采取相应的安全措施,并有专人监护。其他工种在作业层脚手架上从事钢筋、线管等其他构件焊接切割时要在焊接切割部位下方设置阻燃挡板,避免电渣火花直接掉落在外架体上而引起火灾。

以上制度中各条款令项目部全体成员及作业队共同遵守,不得违反。违反者将给予100～1 000 元处罚,造成事故者,追究其法律责任。

1.2　脚手架工程专项施工方案

脚手架工程专项施工方案

（略）

1.3　脚手架材质证明或确认记录

钢管、扣件、工字钢、钢丝绳、脚手板等
材质质保资料粘贴单

（略）

1.4 落地式脚手架验收记录表

落地式脚手架验收记录表

单位名称			架体类型/总高度		
工程名称			验收部位		
班组及负责人			分段验收高度		
验收日期			合格牌编号		
验收项目	序号	安全技术要求			结果
地基基础	1	基础平整坚实(基础宜高出自然地坪 50 mm)			
	2	有排水措施			
	3	立杆底部设置底座和通长垫板			
	4	设置扫地杆(距垫板≤200 mm)			
架体与建筑物拉结	5	方案:按( )步( )跨布置,第一步必须设置			
	6	连墙件距主节点≤300 mm,连接点牢固、可靠			
	7	架体开口处连墙件设置≤2 步			
	8	架体高度 >24 m 时,必须采用刚性连接			
杆件间距与接头	9	方案:立杆纵距( )m,允许偏差 ±50 mm 立杆横距( )m,允许偏差 ±20 mm			
	10	立杆全高(20 ~ 80 m)垂直度允许偏差 ±100 mm			
	11	主节点处小横杆全部设置,作业层小横杆等间距设置且最大间距≤1/2 纵距,小横杆伸出纵向水平杆不小于100 mm			
	12	立杆接头对接;立杆、大横杆接头错开,同步或同跨内不得有 2 个接头,相邻两步或两跨内接头错开≤500 mm			
剪刀撑与横向斜撑	13	每道剪刀撑宽度为 4 ~ 6 跨且≤6 m,角度 45°~ 60°,搭接长度≤1 m,用三个扣件固定,杆端距离≤100 mm			
	14	高度 <24 m 的脚手架必须在外侧两端、转角及中间间隔≤15 m 的立面上各设置一道剪刀撑,并由底到顶连续设置;高度 >24 m 的脚手架,在外侧立面沿长度和高度连续设置剪刀撑			
	15	横向斜撑在同一节间,由底至顶呈之字形连续布置			
	16	高度 >24 m 的脚手架,除拐角处、开口处设置横向斜撑外,中间每隔 6 跨设置一道			

续表

验收项目	序号	安全技术要求	结果
脚手板与防护栏杆	17	脚手板满铺,板间紧靠且离墙面≤150 mm	
	18	脚手板搭接或对接符合规范规定,无探头板	
	19	作业层、斜道和平台设 1.2 m 高防护栏杆和 18 cm 高的挡脚板	
架体封闭与防护	20	脚手架外立杆内侧设密目立网全封闭,封闭严密,绑绳绑扎牢固可靠	
	21	作业层下设随层网、首层网,封闭严密,绑扎牢固可靠	
	22	作业层下每隔 10 m 设一道平网进行封闭,且与建筑物空隙不大于 150 mm	
杆件及构配件材质规格	23	钢管壁厚符合施工方案要求,材质符合国标,无锈蚀、裂纹、变形	
	24	扣件"三证"齐全,符合国标,无锈蚀、脆裂、变形及滑丝;紧固力矩 40~65 N·m	
	25	脚手板厚 50 mm,材质符合国标;木脚手板无劈裂、腐朽;钢脚手板无锈蚀、裂纹、变形;竹脚手板无劈裂、变形	
通道防护	26	方案:设置上下通道　（　　）处 　　上下通道宽度　（　　）m 　　转弯处平台宽度（　　）m 　　上下通道坡度　（　　） 　　防滑条间距　　（　　）mm	
	27	坡道及平台两侧设置防护栏杆和挡脚板;脚手板拼接严密,绑扎牢固	
	28	上下通道按规定设置剪刀撑、连墙件	
卸料平台	29	卸料平台方案有专门设计计算	
	30	卸料平台必须自成受力系统,禁止与脚手架连接	
	31	平台按规定设置防护栏杆、挡脚板及密目立网平台脚手板拼装严密,绑扎牢固	
	32	明显处设置限荷牌,限定荷载(　　　)	
	33	形成定型化、工具化	
门洞	34	架体门洞符合规范的构造要求	

验收结论		验收人员	技术负责人: 安全员: 施工员: 架子搭设负责人: 　　　年　月　日

1.5 悬挑式脚手架验收记录表

悬挑式脚手架验收记录表

单位名称				搭设高度	
工程名称				分段验收高度	
悬挑结构类型				合格牌编号	
验收项目	序号	安全技术要求			结果
悬挑梁及悬挑架	1	方案:悬挑梁型号( )挑出长度( ) 固定端长度( )布置间距( ) 锚固筋规格( )			
	2	方案:悬挑架杆件规格( ) 连接方法( )			
	3	悬挑梁、悬挑架与建筑结构连接牢固;悬挑架应采用刚性框架和刚性节点			
架体稳定	4	悬挑梁定位点应焊接长 0.2 m、直径 25～30 mm 的钢筋头或短管,立杆插入固定并设纵、横向扫地杆			
	5	连墙件按二步三跨布置;第一步必须设置;采用刚性连接			
	6	连墙件距主节点≤300 mm,连接点牢固、可靠			
杆件间距	7	方案:立杆横距( ),允许偏差 ±20 mm; 立杆纵距( ),允许偏差 ±50 mm			
	8	立杆全高(25 m)垂直度允许偏差 ±100 mm			
	9	主节点处小横杆全部设置,作业层小横杆等间距设置,间距≤1/2 跨,小横杆伸出纵向水平杆不小于 100 mm			
	10	立杆接头对接,立杆、大横杆接头错开,同步或同跨内不得有 2 个接头,相邻两步或两跨内接头错开≤500 mm			
剪刀撑与横向斜撑	11	脚手架外侧立面按规范要求设置剪刀撑			
	12	每道剪刀撑宽度为 4～6 跨且≤6 m,角度 45°～60°,搭接长度≤1 m,用三个扣件固定,扣件距杆端距离≤100 mm			
	13	横向斜撑在同一节间,由底至顶呈之字形连续布置			
	14	脚手架除拐角处、开口处设置横向斜撑外,中间每隔 6 跨设置一道			

续表

验收项目	序号	安全技术要求	结果
脚手板与防护栏杆	15	脚手板满铺,板间紧靠且离墙面≤150 mm	
	16	脚手板搭接或对接符合规范规定,无探头板	
	17	作业层、斜道和平台设1.2 m防护栏杆和18 cm高的挡脚板	
架体封闭与防护	18	脚手架外立杆内侧设密目立网全封闭,封闭严密,绑扎牢固可靠	
	19	作业层下设随层网、首层网,封闭严密,绑扎牢固可靠	
	20	作业层下每隔10 m设一道平网进行封闭,且与建筑物空隙不大于150 mm	
挑梁及脚手架材质规格	21	悬挑梁、悬挑架所用型材符合国标,检测合格,无锈蚀、脆裂、变形。每个悬挑梁外端设置钢丝绳或钢拉杆与上一层建筑结构斜拉结。钢丝绳绳径、绳卡规格、绳卡方向、绳卡数量符合规范要求	
	22	钢管壁厚符合施工方案要求,材质符合国标,无锈蚀、裂纹、变形	
	23	扣件"三证"齐全,符合国标,无锈蚀、脆裂、变形及滑丝;紧固力矩40～65 N·m	
	24	脚手板厚50 mm,材质符合国标;木脚手板无劈裂、腐朽;钢脚手板无锈蚀、裂纹、变形;竹脚手板无劈裂、变形	
荷载	25	方案:架体施工荷载按( )设计,无超载,材料无集中堆放	
特殊部位处理	26	架体立面转角、阳台、空调板、雨篷等部位,架体与塔吊、电梯、物料提升机、卸料平台等部位需要断开或开口处采取加强措施	

验收结论		验收人员	技术负责人: 安全员: 施工员: 架子搭设负责人: 年　月　日

第 2 章　　基坑支护

2.1　基坑支护专项施工方案

基坑支护专项施工方案

（略）

2.2　基坑周边监测点平面布置图

基坑周边监测点平面布置图

（略）

2.3 基坑支护变形监测记录

基坑支护变形监测记录表

单位名称					监测部位								
工程名称					监测周期/ 监测日期								
监测项目	序号	监测要求		监测记录(要求先测支护初始值)									
			监测点	1	2	3	4	5	6	7	8	9	10
支护结构顶部水平位移监测	1	设计监测报警值( ),每隔 5～8 m 设一监测点,重点部位加密布点	初始值										
			本次值										
			累计值										
支护结构倾斜监测	2	根据支护结构深度、水平位移在支护结构侧面布点	初始值										
			本次值										
			累计值										
支护结构沉降监测	3	对支护结构的关键部位监测	初始值										
			本次值										
			累计值										
支护结构应力监测	4	对桩身钢筋和桩顶圈梁钢筋较大应力断面处监测	设计值										
			本次值										
支撑结构受力监测	5	施工前进行锚杆实际受力	测试值										
	6	施工中监测锚杆实际受力	设计值										
			本次值										
	7	钢支撑受力监测	设计值										
			本次值										
地下水位监测	8	控制在基底标高以下 0.5～1.0 m											
侧壁渗漏监测	9	无渗漏											
监测人					监测负责人								

2.4　基坑支护周边沉降观测记录

基坑支护周边沉降观测记录表

单位名称					观测部位			
工程名称					仪器型号			

观测点编号	第　次		第　次		第　次		第　次	
	年　月　日		年　月　日		年　月　日		年　月　日	
	标高（m）	沉降量（mm）	标高（m）	沉降量（mm）	标高（m）	沉降量（mm）	标高（m）	沉降量（mm）
		本次　累计		本次　累计		本次　累计		本次　累计

观测者				
复测者				

技术负责人：　　　　　　　　　　　制表：

2.5 基坑支护安全检查记录

基坑支护安全检查记录

单位名称			基坑深度/地下水位	
工程名称			分段验收部位	
专业施工单位			分段验收深度	
验收项目	序号	安全技术要求	结果	
土方开挖	1	施工机械进场经过验收并留有记录		
	2	操作司机持证上岗		
	3	挖土机作业位置稳固安全,距坑槽边距离符合规范		
	4	按规定程序挖土,不超挖		
	5	挖土机作业时,设专人监护,人员不得进入其作业半径		
临边防护	6	基坑周边按规定设置1.2 m高临边防护栏杆,立柱间距≤2 m;防护栏杆能承受1 kN外力		
	7	防护栏杆离坑边距离≥0.5 m		
	8	基坑周边有警示标志,夜间有警示灯		
坑壁支护	9	支护深度( )m,放坡坡度( )		
	10	支护结构类型( ),支护结构符合规范及方案要求		
排水措施	11	排水方法( ),排水沟截面( ),集水井间距( )m		
	12	降水井点间距( )m,排水设备、设施齐全可靠		
	13	防止地表水灌入坑内的排水措施		
	14	采用坑外降水时对临近建筑应有防止危险沉降的措施		

续表

验收项目	序号	安全技术要求	结果
坑边荷载	15	坑边堆土符合规范要求。如要堆放材料,必须经过计算,且距坑边距离不小于3 m	
	16	方案:施工机械距坑边距离( )m	
上下通道	17	方案:人员上下通道( )处 宽度( )m 坡度( ) 搭设稳固可靠,临边防护符合要求	
	18	方案:车辆上下通道( )处 坡脚宽度( )m 坡度( ) 坡道边坡稳定	
基坑支护变形监测	19	设计监测报警值( )按方案对支护设施进行变形监测;有监测记录	
	20	按方案对周围毗邻建筑物、重要管线和道路进行沉降观测,有监测记录	
作业环境	21	基坑内作业人员应有可靠的安全立足点	
	22	垂直交叉作业时上下应有隔离防护	
	23	光线不足时应设置足够的照明	

验收结论			验收人员	技术负责人: 安全员: 施工员: 架子搭设负责人: 年 月 日

第3章 模板工程

3.1 模板工程专项施工方案

模板工程专项施工方案

（略）

3.2 模板工程支撑系统检查验收记录

模板工程支撑系统检查验收记录

单位名称				验收部位	
工程名称				班组及负责人	
模板及支撑系统类型				验收日期	
验收项目	序号	安全技术要求		结果	
模板及支撑系统材质	1	钢管壁厚符合施工方案要求,材质符合国标规定,无锈蚀、裂纹、变形			
	2	扣件材质符合国标 GB 15831 的规定,检测合格,无锈蚀、裂缝、变形及滑丝,紧固力矩 40~65 N·m			
	3	各类模板及配件符合国标要求			
	4	木材材质符合国标要求,有腐朽、折裂、枯节等弊病不得使用			
	5	型钢材质规格符合国标要求			

续表

验收项目	序号	安全技术要求	结果
立柱稳定	6	支撑系统高度( )m	
	7	下部支撑结构具有承受上层荷载的能力;多层支模,上下层立柱要垂直,并在同一直线上	
	8	立柱底部应设木垫板,严禁垫砖块或其他脆性材料;设置纵横向扫地杆;地基土应平整坚实,有排水措施	
	9	方案:梁下柱纵距 ( )m 梁下柱横距 ( )m 梁下水平支撑间距( )m 板下立柱间距 ( )m 板下水平支撑间距( )m 纵横向剪刀撑间距( )m 水平剪刀撑间距 ( )m	
模板存放	10	大模板分区存放,放在专用的存放架上,楼层存放有可靠的防倾倒措施	
	11	楼层上临时堆放模板离楼层边≥1 m,堆放高度≤1 m	
	12	各类模板按规格分类堆放整齐,堆放处地面平整坚实,堆放高度不应超过1.6 m	
施工荷载	13	模板上堆料均匀平稳,不得集中堆放	
	14	方案:限定荷载( ),施工荷载不得超过方案规定	
模板安装	15	2 m以上支模必须搭设操作平台或脚手架,有完善的安全防护措施	
	16	支拆3 m以上模板必须搭设脚手架工作平台并设防护栏杆	
	17	安装挑梁、阳台、雨篷及挑檐等模板,其支撑应独立设置,不得与脚手架相连,不得与操作平台及其他设施相连	
	18	安装模板时应有有效的临时防倾覆固定设施	
运输道路	19	混凝土车辆必须搭设专用通道,专用通道应平整坚固、稳定,必要时两侧设防护栏杆挡脚板	
	20	混凝土泵送管支架不得与模板支撑系统相连	
作业环境	21	作业区内的预留孔洞应封堵严密、牢固	
	22	临边作业应按规定进行防护	
	23	垂直交叉作业按规定设置隔离防护措施	
验收结论			验收人员	技术负责人: 安全员: 施工员: 监理工程师: 年　月　日

3.3 模板拆除申请表

模板拆除申请表

工程名称：

拆除构件部位				申请拆除单位(人)		
拆除依据	混凝土浇筑时间			申请拆除时间		
	龄期		混凝土强度等级		混凝土试压强度	
安全措施 申请人： 年 月 日						
拆除要求 技术负责人： 年 月 日						
项目负责人意见 批准人： 年 月 日						
监理单位意见 批准人： 年 月 日						

注：施工中由生产组提出模板拆除申请，报项目部技术部门审核后，经项目经理审批并且采取了有效的措施，由安全员监督实施拆除。对特殊部位、超规模模板的拆除必须按方案要求进行。

3.4　模板拆除令

模板拆除令

工程名称		施工单位	
经技术核定＿＿＿＿＿层龄期为＿＿＿＿＿混凝土强度达到设计要求,模板可以拆除。按拆除方案要求进行拆除。			
技术校核人		批准人	
拆除时间	从　　年　　月　　日至　　年　　月　　日		

模板拆除令

工程名称		施工单位	
经技术核定＿＿＿＿＿层龄期为＿＿＿＿＿混凝土强度达到设计要求,模板可以拆除。按拆除方案要求进行拆除。			
技术校核人		批准人	
拆除时间	从　　年　　月　　日至　　年　　月　　日		

第 4 章　高处作业安全防护

4.1　高处作业安全防护管理制度

高处作业安全防护管理制度

高处作业(临边、洞口)安全防护不规范,会造成高空坠落和物体打击伤亡事故,为了防止此类事故的发生,特制定以下制度,望施工人员严格遵守。

1. 购置进场的安全"三宝",必须有合格证和建设部门颁发的准用证复印件。

2. 进入施工现场必须戴好安全帽,正确使用安全带、高挂低用,扣好保险钩。

3. 长边小于 1.5 m 的孔洞必须加盖板防护,防护强度应满足要求,大于 1.5 m 的洞口除加盖板外,四周还应设防护栏杆,密目网封闭,下设不低于 180 mm 高的踢脚板。

4. 电梯井口必须设不低于 1.5 m 的金属防护门,电梯井内首层和每隔一层设一道水平硬质安全防护,两层硬质防护之间增设一道软防护(小眼安全网),未经批准电梯井不准作为垃圾通道。

5. 楼梯踏步及休息平台必须设防护栏杆。

6. 通道口必须按规范搭设防护棚。

7. 临边防护必须设两道防护栏杆,坡度在 1:2.2 以上的临边防护设置三道防护栏杆,高度不低于 1.5 m。

8. 防护设施应有明显的色标,未经许可任何人不得拆除。

9. 管理人员应定期对"三宝"、"四口"临边防护进行检查,发现问题及时处理。

4.2　安全防护用品质保资料复印件

安全"三宝"质保资料复印件

（加盖红章）

安全帽、安全带、安全网的生产许可证

产品合格证　准用证

检测报告　经营或销售许可证

其他防护用品质保资料复印件

（加盖红章）

（略）

4.3 安全防护用品发放登记表

安全防护用品发放登记表

工程名称						
序号	名称	数量	领用人 （签字）	日期	交回日期	备注 （是否可 再利用）

4.4 提供给分包单位防护用品交接验收记录

提供给分包单位防护用品交接验收记录

工程名称				
用品移交单位				
用品接收单位				
物品名称	产地型号	数量	验收结果	备注
安全帽				
安全带				
安全网				
绝缘手套				
绝缘鞋				
防滑鞋				
电焊面罩				
防毒面具				
耳塞				
验收交接 签　字	移交人：			
	接收人：			
移交时间：　　　　年　　月　　日				

4.5 "三宝"、"四口"、临边安全防护搭设验收记录表

"三宝"、"四口"、临边安全防护搭设验收记录表

单位名称				施工阶段	
工程名称				结构/层数	
验收项目	序号	安全技术要求		结果	
安全帽	1	生产许可证、合格证、安鉴证齐全,符合国家标准			
安全带	2	生产许可证、合格证、安鉴证齐全,符合国家标准			
安全网	3	生产许可证、合格证、安鉴证齐全,符合国家标准			
	4	在建工程外侧用密目安全网封闭严密,网的密度不低于 2 000 目/100 cm²,绑点间距≤45 cm,绑绳具有足够强度		封闭(　)% 封闭不严密(　)处 绑扎不牢固(　)处	
楼梯口	5	应设双道防护栏杆,高度 1.2 m,底部设 18 cm 高挡脚板,立柱间距≤2 m,防护栏杆能经受任何方向 1 kN 的外力;防护栏杆形成定型化、工具化		楼梯口(　)个 防护符合要求(　)个 无防护(　)处 防护不符合要求(　)处	
预留洞口	6	电梯井(防护门高度 1.5 m)、通风道口、管道进口应设定型化、工具化的防护门高度 1.2 m,栅栏门网格间距≤15 cm,电梯井道内每隔两层(≤10 m)设一道水平硬质安全防护,两层硬质防护间设一道软防护(小眼安全网)		井道口(　)个 防护符合要求(　)个 无防护(　)处 防护不符合要求(　)处	
	7	洞口短边边长 >1.5 m 的洞口,四周设防护栏杆加挡脚板或密目网封闭,洞口张挂安全平网或满铺脚手板		洞口(　)个 防护符合要求(　)个 无防护(　)处 防护不符合要求(　)处	
	8	50 cm <洞口短边边长 <1.5 m 的洞口,以扣件扣接钢管而成网格,满铺脚手板;或采用贯穿混凝土板内的钢筋网格;间距≤20 cm		洞口(　)个 防护符合要求(　)个 无防护(　)处 防护不符合要求(　)处	
	9	洞口短边边长 <50 cm 洞口必须设置足够强度固定盖板		洞口(　)个 防护符合要求(　)个 无防护(　)处 防护不符合要求(　)处	
	10	下边沿低于 80 cm 的窗台等竖向洞口,侧面落差 >2 m 须设 1.2 m 高防护栏杆		洞口(　)个 防护符合要求(　)个 无防护(　)处 防护不符合要求(　)处	

续表

验收项目	序号	安全技术要求	结果
预留洞口	11	有坠落危险性的其他竖向洞口,均应加以防护	洞口( )个 防护符合要求( )个 无防护( )处 防护不符合要求( )处
临边防护	12	阳台、楼层临边或围护设施高度低于80 cm,设双道防护栏杆,高度1.2 m;底部设18 cm高挡脚板,立柱间距≤2 m	共( )处 防护符合要求( )个 无防护( )处 防护不符合要求( )处
	13	屋面临边坡度大于1:2.2时,设临边防护栏杆,高度1.5 m,密目网封闭,底部设18 cm高挡脚板,立柱间距≤2 m	共( )处 防护符合要求( )个 无防护( )处 防护不符合要求( )处
	14	卸料平台、临街临边、井架及施工电梯与建筑物通道两侧,除按规定设防护栏杆外,应加挂密目网封闭	共( )处 防护符合要求( )个 无防护( )处 防护不符合要求( )处
防护棚	15	通道口搭设双层硬防护棚,顶部材料用5 cm厚木板,两侧用密目网封闭,棚宽大于通道口两边各50 cm,棚长根据建筑物高度确定,保证在坠落半径以外	通道( )处 防护符合要求( )个 无防护( )处 防护不符合要求( )处
	16	机械设备及材料加工场地,应搭设防护棚;处于物件坠落范围内的,应搭设双层防护棚	防护棚( )个 防护符合要求( )个 无防护( )处 防护不符合要求( )处
验收结论			验收人员	技术负责人: 安全员: 施工员: 监理工程师: 　　年　月　日

第 5 章　物料平台

5.1　物料平台施工专项方案

物料平台施工专项方案

（略）

5.2　物料平台材质证明

物料平台材质证明

（略）

5.3 物料平台验收记录表

物料平台验收记录表

单位名称				合格牌编号	
工程名称				安装日期	
安装单位				安装数量	
验收项目	序号	安全技术要求			结果
平台	1	方案:平台长×宽( ) 主梁规格( ),次梁规格( )			
材料	2	构配件"三证"齐全			
	3	钢丝绳无锈蚀,断丝数量不得超过标准			
	4	平台采用刚性连接,满足承载要求			
支撑点及拉结点	5	搁置点和上部拉结点必须位于建筑物上,不得设置在脚手架等施工设施或设备上			
	6	平台根部应与建筑可靠连接			
	7	平台两侧各设置前后两道斜拉杆或钢丝绳,两道中的每一道均应作单道受力计算			
	8	设置4个经过验算的吊环,用甲类3号沸腾钢制作			
	9	吊运平台时应使用卡环,不得使吊钩直接勾挂吊环			
防护	10	建筑物锐角利口系钢丝绳处应加衬软垫物,平台外口应略高于内口,左右不得晃动			
	11	平台铺设牢固、严密,不准使用竹脚手板,两侧面必须设不低于1.2 m高的固定围栏			
荷载	12	明显处挂限荷牌( ),严禁超载			
验收结论			验收人员	技术负责人: 安全员: 施工员: 料台搭设负责人: 年 月 日		

第 6 章　临时用电

6.1　临时用电管理制度

临时用电管理制度

1. 变配电室内停电工作时,切断有关电源,操作手柄应上锁或挂标示牌。

2. 施工现场夜间临时照明电线及灯具,室外高度不低于 3 m,室内高度不低于 2.5 m。易燃易爆场所,应用防爆灯具。

3. 照明开关、灯口及插座等,应正确接入火线及零线。

4. 现场需要临时用电时,由用电负责人提出申请,经项目生产副经理批准,并通知电工进行接引。

5. 接引电源工作,必须由电工进行,并应设专人进行监护。

6. 施工用电完毕后,应由用电负责人通知电工进行拆除。

7. 严禁非电工拆装,严禁乱拉乱接电源。

8. 配电室和现场的开关箱、开关柜应加锁。

9. 电气设备明显部位应设"严禁靠近,以防触电"的标志。

10. 接地装置应定期检查。

11. 施工现场大型用电设备、大型机具等,应有专人进行维护和管理。

6.2　施工现场临时用电安全管理协议

施工现场临时用电安全管理协议

甲方:

乙方:

为认真落实"安全第一、预防为主、综合治理"的安全生产方针,始终坚持"以人为本的科学发展观"的思想,全面落实安全生产责任制,贯彻执行企业"施工用电安全管理制度",明确项目经理部与各分包队伍各自的责任和义务,双方本着平等互利、安全生产、和谐发展的理念,对本工程施工现场临时用电管理签订此协议,以下条款双方必须遵照执行。

1. 乙方进入施工现场前必须签订临时用电管理协议,了解并接受甲方临时用电管理制度和相关管理规定。

2. 乙方按规定配备持证电工组成临时用电安装、检查和维修小组,并将其电工上岗操作证复印件报甲方备案。

3. 甲方负责施工现场临时用电电源到分配电箱，并负责分配电箱下口以上设备和线路的维护管理，乙方自行提供分配电箱以下的开关箱、电缆以及用电设备，并负责二级配电箱下口以下临时用电的维护管理；乙方进入施工现场的开关箱、电缆及设备等必须符合《施工现场临时用电安全技术规范》(JGJ 46—2005)要求。

4. 乙方电气设备、设施到场当天，须向甲方提出申请，由双方组织相关人员进行验收。所有用电设备、电缆、开关箱须经承包人检验和测试合格后方可安装使用。

5. 乙方进场后，根据用电需要向甲方提出书面申请，由甲方负责人指派专业电工为乙方接引或拆除电源。

6. 乙方在施工现场用电必须做到"一机一闸，一漏一箱"，且对箱内漏电保护器定期做灵敏度测试，确保动作有效。

7. 手持电动工具使用完毕应拔掉电源插头，开关箱拉闸断电，箱门上锁。

8. 乙方在施工现场使用的电焊机必须安装二次空载降压防触电保护装置。电焊机一次侧进线应有防护罩，电缆线绝缘良好，长度不大于 5 m；二次侧采用防水橡皮护套铜芯软电缆，电缆长度不大于 30 m；使用时确保"双线"到位，不得采用金属构件或结构钢筋替代二次线的地线。

9. 若有电气焊及明火作业，作业前需向甲方报告，开好动火证；作业时在指定地点设看火人，配备充足防火器材。

10. 乙方电气作业人员作业时必须持证上岗，按规定穿戴劳动防护用品；应严格遵守安全操作规范，严禁违章作业。

11. 乙方负责对三级配电箱以下的施工用电设备、电缆和开关箱等进行安装、调试、日常巡视、检修以及拆除工作，并严格遵守《施工现场临时用电安全技术规范》(JGJ 46—2005)和企业施工用电安全管理制度的规定。

12. 乙方在施工中如有违反以上条例及相关规范规程，必须按要求立即进行排查和整改，对于不整改或整改不彻底现象，甲方依据实际情况有权对乙方处以 50 ~ 1 000 元罚款。

13. 乙方在施工用电中如因违反相关规范、制度或触犯国家法律法规造成严重事故的，一切损失及后果由乙方负责，并视情节轻重追究相应的法律责任。

14. 乙方在施工完毕退出施工现场前应办理出场签字手续，甲方有权对乙方撤出的设备和设施进行检查，并对乙方施工用电费用进行清算，签字完毕后方可退出现场。

15. 临时用电管理协议自甲、乙双方签订之日起生效，甲方签字同意乙方退出现场终止。本协议一式两份，双方各持一份。

16. 补充条款

甲方(盖章)：　　　　　　　　　　　　乙方(盖章)：

负责人签字：　　　　　　　　　　　　负责人签字：

签订时间：　　　年　月　日

6.3 配电箱、电缆电线等电器用品合格证粘贴单

配电箱、电缆电线等电器用品合格证粘贴单

（略）

6.4 临时用电工程施工方案

临时用电工程施工方案及配电平面图、系统图、电器配置图

（略）

6.5 施工现场临时用电验收记录表

施工现场临时用电验收记录表

工程名称			
验收项目	序号	安全技术要求	验收结果
组织设计	1	现场临时用电是否按规范、临时用电组织设计要求实施总体布设	
外电防护	2	在建工程(含脚手架)的周边与外电架空线路之间的最小安全操作距离符合规范要求	
	3	施工现场的机动车道与外电架空线路交叉,架空线路最低点与路面的垂直距离符合规范要求	
	4	起重机严禁穿越无防护设施的外电架空线路作业,在外电架空线路附近吊装时,起重机的任何部位或被吊物边缘在最大偏斜时与架空线路边线的最小安全距离符合规范要求	
	5	当上述第2、3、4条要求的安全距离无法保证时,必须采取符合规范要求的隔离防护措施或与有关部门协商迁移外电线路(保留协商记录)	
接零与接地保护系统	6	在施工现场专用变压器供电的TN-S接零保护系统,电气设备的金属外壳必须与保护零线连接;保护零线(PE线)引出位置必须正确,必须在总配电箱处、中间处、末端处做至少三处重复接地,每一处的接地电阻不大于10 Ω	
	7	现场临时用电与外电线路共用一供电系统时,电气设备的接地接零保护与原系统保持一致(严禁保护接零和保护接地混接)	
	8	重复接地的接地体应采用钢管或光面圆钢,不得采用螺纹钢,地下接地线严禁采用铝导线	
	9	PE线的截面应符合规范要求,颜色为绿/黄双色,PE线上严禁装设开关或熔断器,严禁断线,任何情况不得采用绿/黄双色线作为负荷线	
	10	保护零线(PE线)严禁与工作零线(N线)混接	
	11	做防雷接地机械上的电气设备,所连接的PE线必须做重复接地	

续表

验收项目	序号	安全技术要求	验收结果
配电箱与开关箱	12	箱体材料应采用冷轧钢板或阻燃绝缘材料制作,采用钢板时钢板厚度应为 1.2~2.0 mm	
	13	箱体颜色应采用橘黄色,有防雨措施,门锁齐全;配电箱应编号、开关箱应标记所控设备名称	
	14	配电箱(开关箱)装设高度(箱体中心距地):固定式 1.4~1.6 m;移动式 0.8~1.6 m。应装设端正、牢固	
	15	配电箱(开关箱)周围应有足够 2 人同时工作的空间和通道,且周围不得堆放易燃易爆物品	
	16	分配电箱与开关箱距离不得大于 30 m;开关箱与所控设备的水平距离不宜大于 3 m	
	17	箱内进出电线应下进下出并做套管防护;电线色标符合规范要求	
	18	箱内电器元件设置: 总配电箱:①总路隔离开关、总路断路器、分路隔离开关、分路漏电断路器;②总路隔离开关、总路漏电断路器、分路隔离开关、分路断路器。以上①、②两种配置任选其一,箱内应装设监测仪表和计量仪表。 分配电箱:总路隔离开关、总路断路器、分路隔离开关、分路断路器(漏电断路器)。 开关箱:隔离开关、漏电断路器。 注:隔离开关是指具有可见分断点、带防护罩的隔离开关。漏电断路器必须是具有短路、过载、漏电保护功能的合格产品	
	19	箱内电气元件必须可靠完好,严禁存放任何物品,并保持清洁	
	20	箱内电器安装板上必须分设与安装板相绝缘的 N 线端子板和与安装板有电气连接的 PE 线端子板。进出配电箱(开关箱)的 PE 线、N 线必须经端子板连接	
	21	箱内正常情况下不带电的金属外壳必须与 PE 端子排连接、箱体箱门必须用编织软铜线做电气连接	
	22	照明配电箱和动力配电箱宜分别设置,设置在同一配电箱内,动力和照明应分路设置,但开关箱必须分别设置	
	23	配电箱多路配电时必须作出用途标识并在箱门内张贴接线图	

续表

验收项目	序号	安全技术要求	验收结果
配电箱与开关箱	24	箱内电器元件的参数必须与所控线路(或设备)容量相匹配;漏电断路器漏电动作电流、动作时间必须满足如下要求:开关箱一般场所漏电协作电流不大于 30 mA,动作时间不大于 0.1 s,但乘积必须小于 30 mA·s	
	25	每台用电设备必须有各自专用开关箱,严禁用同一开关箱直接控制多台设备(含插座),严禁乱拉乱接	
照明	26	照明回路设专用开关箱,箱内电器元件设置符合要求	
	27	220 V 照明灯具安装要求: 距地高度:室内不低于 2.5 m,室外不低于 3 m。灯具高度达不到要求必须采用 36 V 安全电压供电。 与易燃物距离:普通灯具不小于 300 mm,聚光灯、碘钨灯等高热灯具不低于 500 mm,且不得直接照射易燃物	
	28	隧道、人防工程、高温、比较潮湿等场所照明电压不大于 36 V;潮湿和易触及带电体的场所照明电压不大于 24 V;潮湿场所、导电良好地面、锅炉或金属容器内照明电压不大于 12 V	
	29	照明变压必须采用双绕组隔离变压器,严禁使用自耦变压器	
	30	照明灯具的接线必须符合要求,卤化物灯具灯线应固定在接线柱上,不得靠近灯具表面;螺口灯具相线必须接在中心触头的接线柱上。灯具的相线必须经开关控制。金属灯具外壳必须做保护接零	
	31	室内照明线路敷设及插座设置符合规范要求;严禁擅自使用电炉、电热毯或其他高热灯具取暖	
配电线路	32	现场配电系统必须采用"三级配电"	
	33	严禁采用老化破皮和未经包扎的电线、电缆	
	34	线路敷设方式可采用埋地敷设或架空敷设,严禁沿地面明设,严禁沿树木、脚手架或其他金属架具敷设	
	35	架空敷设导线机械强度、弧垂距地距离、相序排列、电杆、拉线、横担、档距等必须符合规范要求	
	36	埋地敷设深度不小于 0.7 m,埋地电缆路径应设方位标志	

续表

验收项目	序号	安全技术要求	验收结果
配电线路	37	埋地电缆穿越建筑物、道路、易受机械损伤、介质腐蚀场所及引出地面从2.0 m高到地下0.2 m,必须加设内径不小于1.5倍电缆外径的防护套管	
	38	埋地电缆的接头应设在地面上的接线盒内,接线盒应防水、防尘、防机械损伤,并远离易燃、易爆、易腐蚀场所	
	39	在建工程内的电缆线路必须采用电缆埋地引入,严禁穿越脚手架引入,并充分利用建筑物的竖井、孔洞敷设	
	40	电缆中必须包含全部工作芯线和用作保护零线或保护线的芯线,三相四线制配电的电缆线路必须采用五芯电缆	
配电室及自备电源	41	配电室及室内布置应符合规范要求,且自然通风,防止雨雪侵入和小动物进入	
	42	应设置灭火器材和其他安全防护用具,不得堆放任何妨碍操作、维修的杂物	
	43	配电室内墙上张贴电气作业操作规程,门向外开	
	44	配电室照明应分别设置正常照明、事故照明	
	45	采用自备电源(如发电机)时,其供电系统设置应符合规范要求	
安全资料	46	用电组织设计的全部资料	
	47	修改用电组织设计的资料	
	48	用电技术交底资料	
	49	用电工程检查验收表	
	50	电气系统试运行记录	
	51	接地电阻、绝缘电阻和漏电保护器漏电动作参数测定记录表	
	52	定期检(复)查表	
	53	电工安装、巡检、维修、拆除工作记录	
验收结论			验收人员

项目经理:
安全员:
电气负责人:
监理:

年　月　日

6.6 临时用电系统试运行记录

临时用电系统试运行记录

单位名称		试运行时间	
工程名称			
试运行工作记录			
验收结论		验收人员	项目经理： 安全员： 电气负责人： 机管员： 年 月 日

6.7　漏电保护器检测记录表

漏电保护器检测记录表

检测日期：　年　月　日

单位名称							仪表型号	
工程名称							天气情况	
序号	用电设备	漏保型号	漏电动作电流(mA)		漏电动作时间(s)		按钮试验	问题及处理意见
			标定值	实测值	标定值	实测值		

检测人：　　　　　　　　　　　　　　记录人：

6.8　绝缘电阻检测记录表

绝缘电阻检测记录表

单位名称								仪表型号	天气情况	检测日期
工程名称										
配电箱及支路名称	绝缘电阻(MΩ)									
	A－B	B－C	C－A	A－N	B－N	C－N	A－PE	B－PE	C－PE	N－PE
测试结论						测试人员	电气负责人： 测试人： 记录人： 　　年　月　日			

注:配电箱内总路和所有分路(包括分路到下一级配电箱(开关箱)之间的连接导线)都必须进行测试,并在"配电箱及支路名称"中填写清楚。

6.9　接地电阻测试记录表

接地电阻测试记录表

检测日期：　　年　月　日

单位名称			仪表型号	
工程名称			天气情况	
接地名称	重复接地	防雷接地	工作接地	问题及处理意见
规范要求	≤　　Ω	≤　　Ω	≤　　Ω	
接地位置	实测值	实测值	实测值	

检测人：　　　　　　　　　　　　记录人：

6.10　电工维修记录表

电工维修记录表

工程名称				
序号	维修内容	维修人	验收人	维修日期

6.11　电工安全巡查记录

电工安全巡查记录

日期		内容	备注
日	月		
日	月		
日	月		
日	月		
日	月		
日	月		
日	月		
日	月		

6.12　用电设施交接验收记录

用电设施交接验收记录

工程名称				
交出单位			接收单位	
设施名称及所在地点				
验收项目	验收内容			验收结果
配电线路	电线、电缆质量			
	埋地敷设深度及方位标志,出地面接线方式			
	架空线路与机动车辆最小垂直距离			
	架空线路与起重机械运行、起吊、旋转的垂直、偏斜最小距离			
	进在建工程内线路敷设			
	需要三相四线制配电的电缆线是否采用五芯线			
	箱内进出线防护及色标			
配电箱与开关箱	箱体材质、颜色、装设高度			
	分配电箱与开关箱之间距离,进出线情况			
	分配电箱内总路隔离开关、总路断路器是否齐全可靠			
	分配电箱内分路隔离开关、分路漏电保护器是否齐全可靠			
	开关箱内隔离开关、漏电保护器是否齐全可靠			
	进出配电箱开关箱的 PE 线、N 线是否经端子板连接			
	箱内电器元件参数是否与所控制线路(或设备)容量相匹配			
	设备是否有专用开关箱,有无插座			
	动力开关箱、照明开关箱是否分设			
照明	箱内电器元件设置情况			
	室内安装照明灯具与地面高度,与易燃物最小距离			
	隧道、人防工程、高温、潮湿等场所照明电压是否符合要求			
	灯具接线、敷设及插座设置是否符合要求			
接零与接地	保护零线(PE 线)、工作零线(N 线)是否混接			
	做防雷的机械、电气设备连接的 PE 线是否重复接地			
	与外电线路共用一供电系统时,电气设备的接地接零保护与原系统是否保持一致			
	每条配电线路是否做到至少三次重复接地			
验收负责人			接收负责人	

交接时间：　　　年　　月　　日

第 7 章　施工机具

7.1　施工机具安全管理制度

施工机具安全管理制度

为加强项目部施工机具安全管理,避免和减少安全事故的发生,根据项目部的实际情况,结合企业机械管理的有关规定,特制定如下制度:

1. 各种机具都应有技术说明书、出厂合格证、安全操作规程等资料和应有的安全装置、防护措施,方可使用。

2. 各种机具安装后应由机管人员组织验收,验收合格后,并向操作工进行安全技术交底,方可使用。

3. 电动机具的接地、接零牢固可靠,手持电动工具应设漏电、断电保护器,使用前必须做好记录,绝缘良好,方准使用。

4. 凡是正常运转的机具必须设专人专机保持固定,实行岗位责任制或机组负责制,定期维修、维护保养。保证机具正常运转,不得带病工作。

5. 机具操作人员应进行专业训练考核持证上岗,无证人员严禁开机操作,各类机具操作人员必须严格遵守操作规程,严禁酒后操作,上班前要严格检查防护装置是否安全可靠,机具设备运转是否正常良好,合格后方可使用。工作要集中精力,严守岗位,不得谈笑打闹,离开后要停机关电,不得委托他人代开。

7.2　施工机具配置一览表

施工机具配置一览表

工程名称：

序号	机具名称	进场时间	退场时间	备注
序号	机具名称	进场时间	退场时间	备注

7.3 施工机具进场验收

混凝土搅拌机验收记录表

规格型号： 机械编号：

工程名称			
生产厂家		进厂日期	
序号	安全技术要求		结果
1	机体安装平稳、坚实		
2	传动部位防护牢固可靠,离合器、制动器及各部连接螺栓符合规定		
3	强制式搅拌机搅拌叶片与搅拌筒底及侧壁的间隙应符合规定		
4	搅拌叶片无缺片和损坏		
5	上料斗钢丝绳断丝不能超标,绳端固定牢固可靠		
6	料斗保险链钩、销和操作杆保险装置齐全有效		
7	操作棚符合要求,地面硬化,有排水措施,挂安全操作规程牌,定人定机牌		
8	外观清洁,无油、灰垢		
验收结论		验收人员	机管员： 施工员： 安全员： 操作人员： 年 月 日

砂浆搅拌机验收记录表

规格型号：　　　　　　　　　　　机械编号：

工程名称			
生产厂家		进厂日期	
序号	安全技术要求		结果
1	安装位置平整坚实,机身保持水平稳定,地面硬化,无积水		
2	整机运转正常,无异常响声,各部连接牢固,防护装置齐全可靠		
3	搅拌斗内无杂物灰垢,保护格网完好无损并盖严		
4	电器装置防护良好,电机外壳均应接零保护,工作电压380 V(± 5%)		
5	外观清洁,无油、灰垢		
验收结论		验收人员	机管员： 施工员： 安全员： 操作人员： 年　月　日

钢筋切断机验收记录表

规格型号：　　　　　　　　　　机械编号：

工程名称				
生产厂家			进厂日期	
序号	安全技术要求			结果
1	机体安装平稳,工作台面与切刀下部保持水平			
2	切刀无裂纹、缺损,刀架螺栓坚固,切刀间隙符合要求			
3	传动部位运转正常,传动皮带松紧度符合要求,无破损,防护罩完好可靠			
4	按钮开关、漏电保护符合要求,电机外壳均应接零保护,工作电压 380 V(±5%)			
5	操作棚符合要求,挂安全操作规程牌,定人定机牌			
6	机具周边应有足够的操作空间,场地整洁有序			
7	外观清洁,无油、灰垢			
验收结论			验收人员	机管员： 施工员： 安全员： 操作人员： 　　年　　月　　日

钢筋弯曲机验收记录表

规格型号：　　　　　　　　　　　　　　机械编号：

工程名称			
生产厂家		进厂日期	
序号	安全技术要求		结果
1	机体安装平稳,工作台面与弯曲机保持水平		
2	芯轴、转盘、挡铁无裂纹和损坏,防护罩坚固可靠		
3	运转正常,各部连接螺栓牢固可靠		
4	按钮开关、漏电保护符合要求,电机外壳均应接零保护,工作电压380 V(±5%)		
5	操作棚符合要求,挂安全操作规程牌,定人定机牌		
6	机具周边应有足够的操作空间,场地整洁有序		
7	外观清洁,无油、灰垢		
验收结论		验收人员	机管员： 施工员： 安全员： 操作人员： 　　　年　月　日

钢筋调直机验收记录表

规格型号：　　　　　　　　　　机械编号：

工程名称				
生产厂家			进厂日期	
序号	安全技术要求		结果	
1	机体安装平稳,料架料槽安装平稳			
2	防护罩完好可靠			
3	传动机构运转正常,各部连接螺栓坚固可靠			
4	调直块孔径与钢筋直径相匹配,间隙符合说明书要求			
5	按钮开关、漏电保护符合要求,电机外壳均应接零保护,工作电压380 V(±5%)			
6	操作棚符合要求,挂安全操作规程牌,定人定机牌			
7	机具周边应有足够的操作空间,场地整洁有序			
8	外观清洁,无油垢			
验收结论		验收人员	机管员： 施工员： 安全员： 操作人员： 　　　年　月　日	

圆盘锯验收记录表

规格型号：　　　　　　　　　　　　　　机械编号：

工程名称			
生产厂家		进厂日期	

序号	安全技术要求	结果
1	机体安装平稳牢固	
2	转速正常,各部螺栓连接牢固可靠,传动皮带松紧度符合要求并无破损,防护罩牢固	
3	刀片平整紧固,锯齿尖锐无连续断齿,无裂纹,锯片露出台面高度符合要求	
4	防护挡板、分料器、锯片防护罩设置符合要求	
5	按钮开关、漏电保护符合要求,电机外壳均应接零保护	
6	操作棚符合要求,挂安全操作规程牌,定人定机牌	
7	机具周边应有足够的操作空间,场地整洁有序	
8	外观清洁,无油垢	

验收结论		验收人员	机管员： 施工员： 安全员： 操作人员： 　　年　月　日

电平刨(压刨)验收记录表

规格型号：　　　　　　　　　　　　机械编号：

工程名称			
生产厂家		进厂日期	
序号	安全技术要求		结果
1	机体安装平稳牢固		
2	转速正常,各部螺栓连接牢固可靠,传动皮带松紧度符合要求并无破损		
3	刨刀紧固,刀口高度符合要求,刀架、夹板平整贴紧,紧固刀片螺钉嵌入槽内不小于10 mm		
4	平刨刀刃处装设护手防护装置,必须灵敏可靠		
5	按钮开关、漏电保护符合要求,电机外壳均应接零保护		
6	操作棚(木工房)符合要求,并配有消防器材,挂安全操作规程牌		
7	外观清洁,无油垢		
验收结论		验收人员	机管员： 施工员： 安全员： 操作人员： 年　月　日

手持电动工具验收记录表

规格型号：　　　　　　　　　　　　机械编号：

工程名称		
生产厂家	进厂日期	
序号	安全技术要求	结果
1	防护罩壳齐全有效,橡皮电线不得破损	
2	开关箱漏电保护器应安装正确且灵敏有效;漏电保护器参数要求:动作电流≤15 mA,动作时间≤0.1 s;接零保护良好	
3	磨石机电源线应架空,操作者应穿绝缘鞋、戴绝缘手套	
4	蛙式打夯机手把应包绝缘材料,操作者应戴绝缘手套	
验收结论		验收人员　机管员： 施工员： 安全员： 操作人员： 年　　月　　日

电焊机验收记录表

规格型号： 机械编号：

工程名称			
生产厂家		进厂日期	

序号	安全技术要求	结果
1	设防雨、防潮、防晒防护棚,并装设相应的消防器材	
2	初、次级线接线正确,输入电压符合铭牌规定,初级线长度不得超过 5 m,次级线长度不得超过 30 m,必须使用专用焊接线。不得采用金属构件、结构钢筋代替二次线的地线	
3	次级线接头联接钢板应压紧,接线柱应有垫圈,螺栓螺帽完好齐全,无松动	
4	进出线两端防护罩完好齐全,设置合理	
5	接零保护系统、漏电保护、空载降压保护装置齐全有效	
6	焊把绝缘良好,装接正确	

验收结论		验收人员	机管员： 施工员： 安全员： 操作人员： 　　年　月　日

对焊机验收记录表

工程名称				
生产厂家			进厂日期	

序号	安全技术要求	结果
1	对焊机应安置在室内	
2	对焊机压力机构灵活,夹具牢固,气压、液压系统无泄漏	
3	焊接钢筋直径应符合铭牌规定要求	
4	对焊机各部件连接螺栓紧固可靠,冷却系统工作正常,水温符合要求	
5	闪光区应设挡板	
6	按规定设置漏电、接零保护	

验收结论		验收人员	机管员： 施工员： 安全员： 操作人员： 年　月　日

现场混凝土搅拌站验收记录表

工程名称			
序号	验收项目	安全技术要求	验收结果
1	混凝土搅拌机	机体安装平稳、坚实,接地或接零保护符合要求,传动部位防护、离合器、制动器各部连接螺栓符合规定,强制式搅拌机搅拌叶片与搅拌筒底及侧壁的间隙应符合规定,搅拌叶片无缺片和损坏,上料斗钢丝绳无断丝,绳端固定牢靠。料斗保险链钩、销和操作杆保险装置齐全有效。操作棚符合防护要求,有排水措施,挂安全操作规程牌、定人定机牌,整机清洁,无油、灰垢	
2	配料机	配料机安装平稳、坚实,各机构处于水平状态,各传动部分灵活,各连接螺栓无松动,出料斗及出料斗皮带面安装位置符合要求,输送带张紧度适当,不跑偏,电气部分接线正确牢靠,接零或接地符合要求,称量杠杆、传感器安装位置正确,称量准确。配料控制仪工作正常,其精度显示符合规定,整机清洁,无油垢	
3	装载机	照明音响装置齐全有效 各连接件无松动 液压及液力传动系统无泄漏现象 转向、制动系统灵敏有效 轮胎气压符合规定 内燃机工作正常、无异常响声,各仪表工作正常 整机清洁,无油垢,驾驶室完好	
验收结论			验收人员　机管员: 施工员: 安全员: 操作人员: 年　　月　　日

7.4 提供给分包单位的机具交接验收记录

提供给分包单位的机具交接验收记录

工程名称						
交出单位			接受单位			
机具名称		机具编号			验收时间	
验收项目		验收评定		验收项目		验收评定
状况	机架、机座		电源部分	开关箱		
	动力、传动部位			一次线长度		
	附件			漏电保护		
防护装置	防护罩			接零保护		
	轴盖			绝缘保护		
	刃口防护			操作场所空间、安装情况		
	挡板					
	阀					
验收结论				验收签字		
交接签字	交出方负责人： 接收方负责人：					年　月　日

7.5　施工机具维修、保养记录

施工机具维修、保养记录

工程名称		使用单位		
设备名称及型号		设备编号		
日期	维修内容（保修类别）		维修人	备注

第4篇　特种设备安全管理

第1章　特种设备管理

1.1　特种设备管理制度

特种设备管理制度

为加强建筑施工现场特种设备的安全管理,预防事故的发生,保证特种设备的安全正常运转,根据《建设工程安全生产管理条例》、《特种设备安全监察条例》、《建筑起重机械安全监督管理规定》等有关法规、规章,制定本制度。

本制度所称建筑施工特种设备包含施工现场使用的塔式起重机、移动式起重机、施工升降机和物料提升机等建筑起重机械设备(以下简称特种设备)。

1　特种设备的分包

1.1　项目部必须使用具有相应资质的分包公司的特种设备,并对分包单位的登记注册、资质,特种设备的技术状况等进行考察。必须选择具有法人营业执照、安装资质、规模较大并配有相应的管理、维修和操作人员、有较强风险承担能力的分包单位。选择的特种设备应当具有建筑特种设备制造许可证、产品合格证、制造监督检验证明,产品安装使用说明书,备案证明。项目部宜选择使用年限在五年以内技术状况良好、符合安全技术要求的设备。

有下列情形之一的建筑特种设备,严禁分包、使用:

(1)属国家明令淘汰或者禁止使用的;

(2)超过安全技术标准或者制造厂家规定的使用年限的;

(3)经检验达不到安全技术标准规定的;

(4)没有完整安全技术档案的;

(5)没有齐全有效的安全保护装置的;

(6)严重污染环境,危害人身安全的。

1.2　项目部根据1.1条要求,对选择的分包单位和特种设备进行评价,符合要求的方可签订分包合同。

1.3　分包合同内容应包括分包方、使用方名称,特种设备种类型号,分包方式、分包期限、分包价格、分包工作量及结算方式,双方责任及义务,违约及纠纷处理方式等。双方应当严格履行合同的各项约定。施工单位与分包单位签订安全管理协议书。

1.4　在分包合同、安全管理协议书中应明确,如因分包方不服从施工单位安全生产管理、不遵守施工现场安全生产要求、由于特种设备原因或操作不当而造成的安全事故由分包方承担主要安全责任。

分包单位应对其分包的特种设备进行定期检验、定期自行检查、定期维护保养、维修,并将检验报告、定期自行检查记录、定期维护保养记录、维修和技术改造记录、运行故障和生产安全事故记录、累计运转记录等运行资料报施工单位存档,设备退场时由施工单位一并退还。

2　特种设备的安装(拆卸)

2.1　特种设备安装前应由分包单位到建设工程所在地的建设行政主管部门办理特种设备备案登记。

2.2　特种设备的安装(拆卸)必须由依法取得建设行政主管部门颁发的相应等级的特种设备安装工程资质证书的单位承担,从事特种设备安装、拆卸的作业人员应当经省级建设行政主管部门考核合格,取得相应的特种设备作业人员证书。

项目部应审核安装单位、使用单位的资质证书、安全生产许可证和特种作业人员的特种作业操作资格证书。审核安装单位制定的特种设备安装、拆卸工程专项施工方案和生产安全事故应急救援预案。

2.3　特种设备安装单位在特种设备安装(拆卸)前,应当根据产品安装使用说明书、施工现场环境、工程特点和有关标准编制安装(拆卸)施工方案和施工安全事故应急救援预案,并经拆装单位技术负责人审批后实施。

2.4　安装、拆卸作业前,安装(拆卸)工程施工负责人应当向全体作业人员进行安全技术交底。

2.5　作业时,应当设置警戒区,禁止无关人员进入施工现场。施工现场应当设置负责统一指挥的人员和专职监护人员。

2.6　特种设备拆装作业应严格按照审批后的安装(拆卸)专项施工方案及安全操作规程执行,严禁违章作业。安装单位的专业技术人员、专职安全生产管理人员应当进行现场监督,技术负责人应当定期巡查。

2.7　特种设备每次安装完毕后,安装单位应按检验标准及安装使用说明书的有关要求对特种设备逐项进行自检,自检合格的,应当出具自检合格证明,由检验人在检验记录上签字,并向使用单位进行安全使用说明。

2.8　安装单位自检合格后,必须由具有专业资质的检验检测机构进行监督检验,并出具检验报告和检验合格证后,方可正式投入使用。

3　特种设备的使用管理

3.1　进入施工现场的特种设备必须纳入项目部安全生产管理范围,进行监督管理。

3.2　分包单位应当自特种设备安装验收合格之日起30日内,将特种设备安装验收资料、特种设备安全管理制度、特种作业人员名单等,向工程所在地县级以上地方人民政府建设主管部门办理特种设备使用登记。登记标志置于或者附着于该设备的显著位置。

3.3　分包单位应对其分包的特种设备进行日常维护保养,并定期进行安全检查,保证设备的正常运行,并提供相关的维护保养、定期检查记录。

3.4　项目部应对分包方进行监督管理,指定专职设备管理人员进行现场监督检查,发现问题督促分包方及时解决。对违章操作的行为或"带病"运转的设备,必须要求分包方立即纠正或修复。

施工现场有多台塔式起重机作业时,应当组织制定并实施防止塔式起重机相互碰撞的安全措施。

3.5　特种设备作业人员应经过省级建设行政主管部门培训、考核合格后持证上岗。

3.6　特种设备作业人员在作业中应当严格执行特种设备的安全操作规程和有关的安全规章制度。对特种设备进行日常维护保养和经常性的安全状况检查,发现事故隐患或其他不安全因素时,应当立即停机处理,待事故隐患消除后,方可投入使用。

1.2　特种设备配置一览表

特种设备配置一览表

工程名称:

序号	设备名称	进场时间	退场时间	备注

第 2 章　塔　吊

2.1　塔吊分包相关资料

施工企业与塔吊分包单位合同

（略）

施工企业与特种设备分包单位安全管理协议书

分包单位（以下简称甲方）：

施工单位（以下简称乙方）：

为了切实落实特种设备安装、拆卸和使用过程中的安全生产管理责任，确保施工人员生命安全健康和财产安全，根据《中华人民共和国安全生产法》、《建设工程安全生产管理条例》、《特种设备安全监察条例》、《建筑起重机械安全监督管理规定》及有关法律法规、规范性文件，遵循平等、公正和诚实守信的原则，鉴于分包单位与施工单位已签订《设备分包合同》，双方就设备安全管理协商达成一致，订立本协议。

1　分包方及拆装单位基本情况

1.1　分包方全称：

营业执照编号：　　　　　　　　　　有效期至：

行业确认书编号：　　　　　　　　　有效期至：

1.2　拆装单位全称：

营业执照编号：　　　　　　　　　　有效期至：

特种设备安装专业承包企业资质等级：

资质证书编号：　　　　　　　　　　有效期至：

安全生产许可证编号：　　　　　　　有效期至：

2　本次分包设备基本情况

设备名称		型号		设备编号	
生产厂家					
出厂日期		特种设备执照许可证 或安全认证编号			
设备备案证明编号			备案机关		

3　责任范围

甲方在特种设备安装、拆卸和使用过程中的人身安全和设施及环境的安全。

4　双方义务

4.1　认真贯彻落实国家、地方及上级有关安全生产方针、政策，严格执行安全生产的法律法规、规章和标准规范，建立健全安全生产责任制度和安全教育培训制度，制定设备安全操作规程，保证本单位安全生产所需的资金投入和有效使用。

4.2　设备进场前，双方应共同确定设备的型号、规格和安装平面位置。对多塔作业的，共同确定防碰撞措施。

4.3　设备安装、拆卸过程中，双方应共同与拆装单位确认周围环境、确定警戒区域的设置，配合拆装单位采取措施防止人员进入。设备安装后必须由具备相应资质的检测单位检测合格，经共同验收合格后方可投入使用。

4.4　特种设备安拆、维修和操作、指挥人员必须具备相应的作业资格，持证上岗。

4.5　严禁违章指挥，及时制止违章作业和违反劳动纪律的行为。

4.6　发生事故或险情，应当迅速采取有效的措施，组织抢救伤者并按规定上报。

5　甲方权利和义务

5.1　遵守工程建设和特种设备安全生产管理的有关规定，严格执行安全标准规范，并随时接受行业、监理单位依法实施的监督检查。

5.2　甲方的特种设备结构件均应在合理的使用年限内，超过正常使用年限或结构件腐蚀磨损严重、属淘汰或限制、禁止使用的，不得进入施工现场。设备必须符合有关安全技术标准要求，应按照安全施工的要求配备齐全有效的保险、限位等安全设施和装置。应对设备的安全附件、安全保护装置及有关附属仪器仪表、吊具、索具等进行定期校验、维护和保养,并做好记录。

应对设备至少每月进行一次自行检查,并做好记录。在对设备进行自行检查和日常维护保养时发现异常情况的,应当及时处理,做到设备始终处于良好的状况,安全装置动作灵敏、可靠。

设备出现故障或者发生异常情况的,应对其进行全面检查,消除事故隐患后,方可重新投入使用。

由于甲方安全措施不力、设备自身原因或违章操作造成事故的责任和由此而发生的费用,由甲方全部承担。

5.3 负责向乙方及时提供设备基础图纸、合格的预埋件和经拆装单位技术负责人审批签字并加盖公章的安装、拆卸方案和技术措施、应急预案。

5.4 设备进场,应及时如实提供设备相关资料(特种设备制造许可证或安全许可证、出场合格证、制造监督检验证明、使用说明书、设备备案证明、最近一次的检测报告、自检合格证明)和设备安装相关资料(营业执照、特种设备安装资质证书、安全生产许可证、管理和作业人员资格证书、辅助机械的定期检验证明和起重性能表)的原件及复印件供乙方查验,并对资料的真实性负责。

甲方不具备特种设备安装资质的,设备的安装、拆卸必须委托给具备相应资质的单位,并向乙方出具与拆装单位签订的安装、拆卸合同、安全生产管理协议和加盖公章的拆装单位营业执照、资质证书、安全生产许可证、现场管理人员和作业人员的资格证书及辅助起重机械的定期检验证明和起重性能复印件供乙方查验,并对资料的真实性负责。

设备安装、拆卸、顶升和附着等过程中发生的生产安全事故,由甲方和安装单位承担全部责任,乙方有权就事故造成的损失,向甲方索赔。

5.5 设备的安装、顶升、附着,必须由同一个单位完成。设备安装、拆卸单位必须取得建设行政主管部门颁发的相应的特种设备安装工程专业承包企业资质和安全生产许可证。安装、拆卸、顶升和附着作业前,甲方应当书面通知乙方;作业过程必须严格执行经批准的安装、拆卸方案,并应由专业技术人员现场监督;安装完成后,应当由安装单位和甲方自检,出具自检合格证明,经具备相应资质的检验机构检测合格,向乙方进行安全使用说明,并及时办理相应的验收使用登记手续。

如遇可能影响设备安全技术性能的自然火灾或发生设备事故后,以及停止使用半年以上再次使用前,还应由具备相应资质的检验检测机构检测合格。

5.6 负责对操作、指挥人员进行经常性的安全教育培训和安全技术交底,及时纠正违章行为;负责为本单位从业人员配备必要的劳动防护用品,并监督正确的使用;严格执行设备管理的各项规章制度,做好设备日常的维修、保养工作,做好相关的记录。

5.7 接受乙方的安全监督管理,对检查提出的问题和隐患及时整改,不得以任何理由拒绝整改。对不服从管理导致生产安全事故的,由甲方承担全部责任,乙方有权就事故造成的损失,向甲方索赔。

5.8　操作人员有权拒绝违章指挥和强令冒险作业；发现直接危及人身和财产安全的紧急情况，有权停止作业或采取必要的应急措施后撤离并及时向乙方现场安全管理人员和负责人报告。

5.9　负责为本单位现场从业人员办理工伤保险和意外伤害保险，并承担工伤保险义务。

5.10　应当制订特种设备事故应急措施和救援预案。发生生产安全事故，应当迅速组织救援、保护好事故现场，并按规定立即如实向乙方和当地人民政府有关部门报告。

6　乙方权利和义务

6.1　负责向甲方进行进场前的安全总交底，协助甲方做好设备安装、拆卸及使用过程中的安全监督管理。

6.2　有权审查特种设备的相关资料，以及安装、拆卸单位和安装拆卸工、设备操作及指挥人员的资格，并按照规定负责审查和报批安装、拆卸单位编制的安装、拆卸方案。

6.3　按照甲方提供的设备地基、基础施工图纸和安装方案，配合甲方做好设备地基、基础和附墙预埋件的施工，并做好设备基础周围的排水及防护。应当向甲方提供拟安装设备位置的基础地质条件资料、混凝土的强度报告及隐蔽工程验收记录等基础施工资料。

6.4　负责向甲方提供办理设备使用登记所需的工程报建相关资料。

6.5　负责协助甲方在设备安装、拆卸、顶升和附着等作业过程中设置警戒区域，配合甲方预埋附着装置的铁件或预留穿墙螺栓孔。

6.6　负责协调劳务分包企业、其他相关方与甲方在设备使用过程中的安全生产管理工作。

6.7　有权对违反安全生产标准和规章制度的行为进行纠正，必要时进行内部经济处罚或要求甲方停止使用。

7　协议生效与终止

本协议书作为《设备分包合同》的附件，同《设备分包合同》同时生效、同时终止。

8　协议份数

本协议书一式四份，甲、乙双方各执两份。

9　补充条款

甲　方：(公章)　　　　　　　　乙　方：(公章)

法定代表人：　　　　　　　　　法定代表人：
（或委托代理人）　　　　　　　（或委托代理人）

签订时间：　　年　　月　　日

塔吊分包单位提供的有效资料复印件

（加盖分包单位红章）

特种设备制造许可证及明细　制造监督检验证

产品合格证　行业推荐书　使用说明书

营业执照　行业确认书　产权备案证明

使用登记证　　最近一次检测报告

本机操作工岗位责任人有效资格证书

本机指挥（信号工）岗位责任人有效资格证书

资质证书　安全生产许可证　装拆方案及应急救援预案

现场负责人、安全管理人员及作业人员有效资格证书

安装自检记录　　本次安装后的检测报告

2.2　塔吊基础

钢筋隐蔽验收记录

（略）

混凝土试块强度报告

（略）

塔吊基础验收记录

工程名称						
设备型号及编号			混凝土设计等级		基础浇筑时间	年 月 日
地基与基础		序号	塔吊基础	规定	检查记录	
隐蔽工程内容	采用图纸代号	1	混凝土强度等级是否符合要求	符合设计要求,评定合格		
		2	钢筋是否符合设计要求	符合设计要求		
	地基持力层情况	3	断面、平面几何尺寸是否符合要求	±5		
		4	顶面标高、表面平整度是否符合要求	±5/2		
	基础地耐力	5	预埋铁件尺寸、预埋螺栓尺寸	±5/ ±1		
		6	预埋脚柱(底节)主弦杠垂直度	1‰		
		7	基础有无可靠排水措施	符合设计要求		
基础示图						
验收意见						

项目经理: 技术负责人: 安装单位: 监理单位:

年 月 日   年 月 日   年 月 日   年 月 日

2.3　塔式起重机安装自检表

塔式起重机安装自检表

设备型号		设备编号		
设备生产厂家		出厂日期		
工程名称		安装单位		
工程地址		安装日期		

资料检查项目				
序号	检查项目	要求	结果	备注
1	隐蔽工程验收单和混凝土强度报告	齐全		
2	安装方案、安全交底记录	齐全		
3	塔式起重机转场保养作业单或新购设备的进场验收单	齐全		

基础检查项				
序号	检验项目	实测数据	结果	备注
1	地基允许承载能力(kN/m^2)	—	—	
2	基坑围护形式	—	—	
3	塔式起重机距基坑边距离(m)	—	—	
4	基础下是否有管线、障碍物或不良地质	—	—	
5	排水措施(有、无)	—	—	
6	基础位置、标高及平整度	—	—	
7	塔式起重机底架的水平度	—	—	
8	行走式塔式起重机导轨的水平度	—	—	
9	塔式起重机接地装置的设置	—	—	
10	其他	—	—	

机械检查项					
名称	序号	检查项目	要求	结果	备注
标识与环境	1	登记编号牌和产品标牌	齐全		
	2*	塔式起重机与周围环境关系	尾部与建(构)筑物及施工设施之间的距离不小于0.6 m		
			两台塔式起重机之间的最小架设距离应保证处于低位塔式起重机的起重臂端部与另一塔式起重机的塔身之间至少有2 m的距离;处于高位塔式起重机的最低位置的部件与低位塔式起重机中处于最高位置部件之间的垂直距离不应小于2 m		
			与输电线的距离应不小于《塔式起重机安全规程》(GB 5144)的规定		

续表

名称	序号	检查项目		要求	结果	备注
金属结构件	3*	主要结构件		无可见裂纹和明显变形		
	4	主要连接螺栓		齐全,规格和预紧力达到使用说明书要求		
	5	主要连接销轴		销轴符合出厂要求,连接可靠		
	6	过道、平台、栏杆、踏板		符合《塔式起重机安全规程》(GB 5144)的规定		
	7	梯子、护圈、休息平台		《塔式起重机安全规程》(GB 5144)的规定		
	8	附着装置		设置位置和附着距离符合方案规定,结构形式正确,附墙与建筑物连接牢固		
	9	附着杆		无明显变形,焊缝无裂纹		
	10	在空载,风速不大于3 m/s状态下	独立状态塔身(或附着状态下最高附着点以上塔身)	塔身轴心线对支承面的垂直度≤4/1 000		
	11		附着状态下最高附着点以下塔身	塔身轴心线对支承面的垂直度≤2/1 000		
	12	内爬式塔式起重机的爬升框与支承钢梁、支承钢梁与建筑结构之间的连接		连接可靠		
爬升与回转	13*	平衡阀或液压锁与油缸间连接		应设平衡阀或液压锁,且与油缸用硬管连接		
	14	爬升装置防脱功能		自升式塔式起重机在正常加节、降节作业时,应具有可靠的防止爬升装置在塔身支承中或油缸端头从其连接结构中自行(非人为操作)脱出的功能		
	15	回转限位器		对回转处不设集电器供电的塔式起重机,应设置正反两个方向回转限位开关,开关动作时臂架旋转角度应不超过±540°		

续表

名称	序号	检查项目	要求	结果	备注
起升系统	16*	起重力矩限制器	灵敏可靠，限制值＜额定载荷110%，显示误差≤±5%		
	17*	起升高度限位	对动臂变幅和小车变幅的塔式起重机，当吊钩装置顶部升至起重臂下端的最小距离为800 mm处时，应能立即停止起升运动		
	18	起重量限制器	灵敏可靠，限制值＜额定载荷110%，显示误差不超过±5%		
变幅系统	19	小车断绳保护装置	双向均应设置		
	20	小车断轴保护装置	应设置		
	21	小车变幅检修挂篮	连接可靠		
	22*	小车变幅限位和终端止挡装置	对小车变幅的塔机，应设置小车行程限位开关和终端缓冲装置。限位开关动作后应保证小车停车时其端部距缓冲装置最小距离为200 mm		
	23*	动臂式变幅限位和防臂架后翻装置	动臂变幅有最大和最小幅度限位器，限制范围符合使用说明书要求；防止臂架反弹后翻的装置牢固可靠		
机构及零部件	24	吊钩	钩体无裂纹、磨损、补焊、危险截面、钩筋无塑性变形		
	25	吊钩防钢丝绳脱钩装置	应完整可靠		
	26	滑轮	滑轮应转动良好，出现下列情况应报废： 1. 裂纹或轮缘破损； 2. 滑轮绳槽壁厚磨损量达原壁厚的20%； 3. 滑轮槽底的磨损量超过相应钢绳直径的25%		
	27	滑轮上的钢丝绳防脱装置	应完整、可靠，该装置与滑轮最外缘的间隙不应超过钢丝绳直径的20%		
	28	卷筒	卷筒壁不应有裂纹，筒壁磨损量不应大于原壁厚的10%；多层缠绕的卷筒，端部应有比最外层钢丝绳高出2倍钢丝绳直径的凸缘		
	29	卷筒上的钢丝绳防脱装置	卷筒上钢丝绳应排列有序，设有防钢丝绳脱槽装置。该装置与卷筒最外缘的间隙不应超过钢丝绳直径的20%		
	30	钢丝绳完好度	见本表钢丝绳检查项		
	31	钢丝绳端部固定	符合使用说明书规定		
	32	钢丝绳穿饶方式、润滑与干涉	穿饶正确、固定良好，无干涉		
	33	制动器	起升、回转、变幅、行走机构都应配备制动器，制动器不应有裂纹、过度磨损、塑性变形、缺件等缺陷。调整适宜，制动平稳可靠		
	34	传动装置	固定牢固，运行平稳		
	35	有可能伤人的活动零部件外露部分	防护罩齐全		

续表

名称	序号	检查项目	要求	结果	备注
电气及保护	36*	紧急断电开关	非自动复位、有效,且便于司机操作		
	37*	绝缘电阻	主电路和控制电路的对地绝缘电阻不应小于 0.5 MΩ		
	38	接地电阻	接地系统应便于复核检查,接地电阻不大于 4 Ω		
	39	塔式起重机专用开关箱	单独设置并有警示标志		
	40	声响信号器	完好		
	41	保护零线	不得作为载流回路		
	42	电源电缆与电缆保护	无破损、老化。与金属接触处有绝缘材料隔离,移动电缆有电缆卷筒或其他防止磨损措施		
	43	障碍指示灯	塔顶高度大于 30 m 且高于周围建筑物时应安装,该指示灯的供电不应受停机的影响		
轨道	44	行走轨道端部止挡装置与缓冲	应设置		
	45*	行走限位装置	制停后距止挡装置≥1 m		
	46	防风夹轨器	应设置,有效		
	47	排障清轨板	清轨板与轨道之间的间隙不应大于 5 mm		
	48	钢轨接头位置及误差	支承在道木或路基箱上时,两侧错开 ≥1.5 m,间隙≤4 mm,高差≤2 mm		
	49	轨距误差及轨距拉杆设置	<1/1 000 且最大应 <6 mm;相邻两根间距≤6 m		
司机室	50	性能标牌(显示屏)	齐全,清晰		
	51	门窗和灭火器、雨刷等附属设施	齐全,有效		
	52*	可升降司机室或乘人升降机	按《施工升降机》(GB/T 10054)和《施工升降机安全规程》(GB 10055)检查		
其他	53	平衡重、压重	安装准确,牢固可靠		
	54	风速仪	臂架根部铰点高于 50 m 时应设置		

续表

钢丝绳检查项					
序号	检验项目	报废标准	实测	结果	备注
1	钢丝绳磨损量	钢丝绳实测直径相对于公称直径减小7%或更多时			
2	常用规格钢丝绳规定长度内达到报废标准的断丝数	钢制滑轮上工作的圆股钢丝绳、抗扭钢丝绳中断丝根数的控制标准参照《起重机用钢丝绳检验和报废使用规范》（GB/T 5972）			
3	钢丝绳的变形	出现波浪形时，在钢丝绳长度不超过$25d$范围内，若波形幅度值达到$4d/3$或以上，则钢丝绳应报废			
		笼状畸变、绳股挤出或钢丝挤出变形严重的钢丝绳应报废			
		钢丝绳出现严重的扭结、压扁和弯折现象应报废			
		绳径局部严重增大或减小均应报废			
4	其他情况描述				
检查结果	保证项目不合格项数		一般项目不合格项数		
	资料		结论		
	检查人		检查日期	年　月　日	

注：1. 表中序号打 * 的为保证项目，其他为一般项目。
　2. 表中打"—"的表示该处不必填写，只须在相应"备注"中说明即可。
　3. 对于不符合要求的项目应在备注栏具体说明，对于要求量化的参数应按规定量化在备注栏内。
　4. 表中 d 表示钢丝绳公称直径。
　5. 钢丝绳磨损量＝［（公称直径－实测直径）/公称直径］×100%。
　6. 本表由安装单位填写。

2.4 塔式起重机安装验收记录表

塔式起重机安装验收记录表

工程名称								
塔式起重机	型号		设备编号		起升高度			m
	幅度	m	起重力矩	kN·m	最大起重量	t	塔高	m
与建筑物水平附着距离			各道附着间距		m	附着道数		
验收部位	验收要求							结果
塔式起重机结构	部件、附件、连接件安装齐全、位置正确							
	螺栓拧紧力矩达到技术要求,开口销完全撬开							
	结构无变形、开焊、疲劳裂纹							
	压重、配重的重量与位置符合使用说明书要求							
基础与轨道	地基坚实、平整,地基或基础隐蔽工程资料齐全、准确							
	基础周围有排水措施							
	路基箱或枕木铺设符合要求,夹板、道钉使用正确							
	钢轨顶面纵、横方向上的倾斜度不大于1/1 000							
	塔式起重机底架平整度符合使用说明书要求							
	止挡装置距钢轨两端距离≥1 m							
	行走限位装置距止挡装置距离≥1 m							
	轨接头间距不大于4 mm,接头高低差不大于2 mm							
机构及零部件	钢丝绳在卷筒上面缠绕整齐、润滑良好							
	钢丝绳规格正确,断丝和磨损未达到报废标准							
	钢丝绳固定和编插符合国家及行业标准							
	各部位滑轮转动灵活、可靠,无卡塞现象							
	吊钩磨损未达到报废标准、保险装置可靠							
	各机构转动平稳,无异常响声							
	各润滑点润滑良好,润滑油牌号正确							
	制动器动作灵活可靠,联轴节连接良好、无异常							
附着锚固	锚固框架安装位置符合规定要求							
	塔身与锚固框架固定牢靠							
	附着框、锚杆、附着装置等各处螺栓、销轴齐全、正确、可靠							
	垫铁、楔块等零部件齐全可靠							
	最高附着点以下塔身轴线对支承面垂直度不得大于相应高度的2/1 000							
	独立状态或附着状态下最高附着点以上塔身轴线对支承面垂直度不得大于4/1 000							
	附着点以上塔式起重机悬臂高度不得大于规定要求							

续表

验收部位	验收要求	结果
电气系统	供电系统电压稳定、正常工作、电压(380±10%)V	
	仪表、照明、报警系统完好、可靠	
	控制、操纵装置动作灵活、可靠	
	电气按要求设置短路和过电流、失压及零位保护,切断总电源的紧急开关符合要求	
	电气系统对地的绝缘电阻不大于 0.5 MΩ	
安全限位与保险装置	起重量限制器灵敏可靠,其综合误差不超过额定值的 ±5%	
	力矩限制器灵敏可靠,其综合误差不超过额定值的 ±5%	
	回转限位器灵敏可靠	
	行走限位器灵敏可靠	
	变幅限位器灵敏可靠	
	超高限位器灵敏可靠	
	顶升横梁防脱装置完好可靠	
	吊钩上的钢丝绳防脱钩装置完好可靠	
	滑轮、卷筒上的钢丝绳防脱装置完好可靠	
	小车断绳保护装置灵敏可靠	
	小车断轴保护装置灵敏可靠	
环境	布设位置合理,符合施工组织设计要求	
	与架空线最小距离符合规定	
	塔式起重机的尾部与周围建(构)筑物及其外围施工设施之间的安全距离不小于 0.6 m	
其他	对检测单位意见复查	

分包单位验收意见: 签章: 日期:	安装单位验收意见: 签章: 日期:
使用单位验收意见: 签章: 日期:	监理单位验收意见: 签章: 日期:

总承包单位验收意见:

　　　　　　　　　　　　　　　　　　签章:
　　　　　　　　　　　　　　　　　　日期:

注:本表在塔式起重机经法定检测单位检测合格后,由分包单位填写,完善签字手续后存项目备查。

2.5 塔式起重机周期检查表

塔式起重机周期检查表

工程名称									
塔式 起重机	型号		设备编号			起升高度			m
	幅度	m	起重力矩	kN·m	最大起重量		t	塔高	m
与建筑物水平附着距离				m	各道附着 间距		m	附着道数	
验收部位	验收要求								结果
塔式起 重机结构	部件、附件、连接件安装齐全、位置正确								
	螺栓拧紧力矩达到技术要求,开口销完全撬开								
	结构无变形、开焊、疲劳裂纹								
	压重、配重的重量与位置符合使用说明书要求								
基础与 轨道	地基坚实、平整,地基或基础隐蔽工程资料齐全、准确								
	基础周围有排水措施								
	路基箱或枕木铺设符合要求,夹板、道钉使用正确								
	钢轨顶面纵、横方向上的倾斜度不大于1/1 000								
	塔式起重机底架平整度符合使用说明书要求								
	止挡装置距钢轨两端距离≥1 m								
	行走限位装置距止挡装置距离≥1 m								
	轨接头间距不大于4 mm,接头高低差不大于2 mm								
机构及 零部件	钢丝绳在卷筒上面缠绕整齐、润滑良好								
	钢丝绳规格正确,断丝和磨损未达到报废标准								
	钢丝绳固定和编插符合国家及行业标准								
	各部位滑轮转动灵活、可靠,无卡塞现象								
	吊钩磨损未达到报废标准,保险装置可靠								
	各机构转动平稳,无异常响声								
	各润滑点润滑良好,润滑油牌号正确								
	制动器动作灵活可靠,联轴节连接良好、无异常								
附着锚固	锚固框架安装位置符合规定要求								
	塔身与锚固框架固定牢靠								
	附着框、锚杆、附着装置等各处螺栓、销轴齐全、正确、可靠								
	垫铁、楔块等零部件齐全可靠								
	最高附着点以下塔身轴线对支承面垂直度不得大于相应高度的2/1 000								
	独立状态或附着状态下最高附着点以上塔身轴线对支承面垂直度不得大于 4/1 000								
	附着点以上塔式起重机悬臂高度不得大于规定要求								

续表

验收部位	验收要求	结果
电气系统	供电系统电压稳定、正常工作、电压(380 ± 10%)V	
	仪表、照明、报警系统完好、可靠	
	控制、操纵装置动作灵活、可靠	
	电气按要求设置短路和过电流、失压及零位保护,切断总电源的紧急开关符合要求	
	电气系统对地的绝缘电阻不大于0.5 MΩ	
安全限位与保险装置	起重量限制器灵敏可靠,其综合误差不超过额定值的 ±5%	
	力矩限制器灵敏可靠,其综合误差不超过额定值的 ±5%	
	回转限位器灵敏可靠	
	行走限位器灵敏可靠	
	变幅限位器灵敏可靠	
	超高限位器灵敏可靠	
	顶升横梁防脱装置完好可靠	
	吊钩上的钢丝绳防脱钩装置完好可靠	
	滑轮、卷筒上的钢丝绳防脱装置完好可靠	
	小车断绳保护装置灵敏可靠	
	小车断轴保护装置灵敏可靠	
	升降驾驶室乘人梯笼限位器灵敏可靠	
	驾驶室防坠保险装置和避震器齐全可靠	
环境	与架空线最小距离符合规定	
	塔式起重机的尾部与周围建(构)筑物及其外围施工设施之间的安全距离不小于0.6 m	
其他		

分包单位验收意见:	分包单位人员签名	
	设备部门	
	安全部门	
日期:	机长	
结论	同意继续使用	限制使用	不准使用,整改后二次验收

使用单位验收意见:	工地验收人员签字	
	机管部门	
日期:	安全部门	
结论	同意继续使用	限制使用	不准使用,整改后二次验收

注:1. 验收栏目内有数据的,必须在验收栏内填写实测的数据,无数据用文字说明。
　　 2. 本表在塔式起重机经法定检测单位检测合格后,由分包单位填写,完善签字手续后存项目备查。

2.6　塔吊维修、保养记录

塔吊维修、保养记录

工程名称					
设备名称及型号			设备编号		
日期	维修内容(保修类别)		更换配件及油料数量	机修工	验收人

注:本表由分包单位填写。

2.7　塔吊运行故障、修理记录

塔吊运行故障、修理记录

设备注册代码	使用证编码	设备名称（型号）	出厂编号	单位内部编号	投用日期	安装地址	使用状态

日期				故障、修理内容		故障、修理记录	记录人	备注

注：本表由分包单位填写。

2.8　塔吊司机交接班记录

塔吊司机交接班记录

规格型号：　　　　　　　　　　　　　　机械编号：

工程名称			设备名称			
交接班时间 （　月　日　时）			设备运转情况及故障		交班人	接班人

注：本表由司机填写。

2.9　塔吊运转记录表

塔吊运转记录表

使用单位：

机械名称：　　　　机械编号：　　　　规格：　　　　年　月

日期	1	2	3	4	5	6	7	8	9	10	11	12	13	14	15	16	17	18	19	20	21	22	23	24	25	26	27	28	29	30	31
运转																															
停机																															

备注

1. 本月运转总台班：　　　　台班
2. 本月停机总台班：　　　　台班
3. 本月停修总台班：　　　　台班
4. 本月油料费：　　　　元
5. 其他费：　　　　元

使用单位负责人：　　　　设备操作人：

第3章　施工升降机

3.1　施工升降机分包相关资料

施工企业与施工升降机分包单位合同

（略）

施工企业与设备分包单位安全管理协议书

（略，内容同施工企业与特种设备分包单位安全管理协议书）

施工升降机分包单位提供的有效资料复印件

（加盖分包单位红章）

特种设备制造许可证及明细　制造监督检验证

产品合格证　行业推荐书　使用说明书

防坠器检(标)定记录

营业执照　行业确认书　产权备案证明

使用登记证　最近一次检测报告

本机操作工岗位责任人有效资格证书

资质证书　安全生产许可证　装拆方案及应急救援预案

安装自检记录　本次安装后的检测报告

现场负责人、安全管理人员及作业人员有效资格证书

3.2　施工升降机基础

钢筋隐蔽验收记录

（略）

混凝土试块强度报告

（略）

施工升降机基础验收表

工程名称		工程地址	
使用单位		安装单位	
设备型号		备案登记号	

序号	检查项目	检查结论 （合格√、不合格×）	备注
1	地基承载力		
2	基础尺寸偏差(长×宽×厚)(mm)		
3	基础混凝土强度报告		
4	基础表面平整度		
5	基础顶部标高偏差(mm)		
6	预埋螺栓、预埋件位置偏差(mm)		
7	基础周边排水措施		
8	基础周边与架空输电线安全距离		

其他需说明的内容：

总承包单位		参加人员签字	
使用单位		参加人员签字	
安装单位		参加人员签字	
监理单位		参加人员签字	

验收结论：

施工总承包单位(盖章)：

年　　月　　日

注：对不符合要求的项目应在备注栏具体说明，对要求量化的参数应填实测值。

3.3　施工升降机安装自检表

施工升降机安装自检表

工程名称			工程地址			
安装单位			安装资质等级			
制造单位			使用单位			
设备型号			备案登记号			
安装日期		初始安装高度		最高安装高度		
检查结果代号说明		√＝合格　　　○＝整改后合格　　　×＝不合格　　　无＝无此项				
名称	序号	检查项目	要求		检查结果	备注
资料检查	1	基础验收表和隐蔽工程验收单	应齐全			
	2	安装方案安全交底记录	应齐全			
	3	转场保养作业单	应齐全			
标志	4	统一编号牌	应设置在规定位置			
	5	警示标志	吊笼内应有安全操作规程,操纵按钮及其他危险处应有醒目的警示标志,施工升降机应设限载和楼层标志			
基础和围护设施	6	地面防护围栏门联锁保护装置	应装机电连锁装置,吊笼位于底部规定位置时,地面防护围栏门才能打开。地面防护围栏门开启后吊笼不能启动			
	7	地面防护围栏	基础上吊笼和对重升降通道周围应设置地面防护围栏,高度≥1.8 m			
	8	安全防护区	当施工升降机基础下方有施工作业区时,应加设对重坠落伤人的安全防护区及其安全防护措施			
金属结构件	9	金属结构件外观	无明显变形、脱焊、开裂和锈蚀			
	10	螺栓连接	紧固件安装准确、紧固可靠			
	11	销轴连接	销轴连接定位可靠			
	12	导轨架垂直度	架设高度 h(m)	垂直度偏差(mm)		
			$h \leqslant 70$	$\leqslant (1/1\,000)h$		
			$70 < h \leqslant 100$	$\leqslant 70$		
			$100 < h \leqslant 150$	$\leqslant 90$		
			$150 < h \leqslant 200$	$\leqslant 110$		
			$h > 200$	$\leqslant 130$		
			对 SS 型施工升降机,垂直度偏差应 $\leqslant (1.5/1\,000)h$			

续表

名称	序号	检查项目	要求	检查结果	备注
吊笼	13	紧急逃离门	吊笼顶应有紧急出口,装有向外开启的活动板门,并配有专用扶梯。活动板门应设有安全开关,当门打开时,吊笼不能启动		
	14	吊笼顶部护栏	吊笼顶周围应设置护栏,高度≥1.05 m		
层门	15	层站层门	应设置层站层门。层门只能由司机启闭,吊笼门与层站边缘水平距离≤50 mm		
传动及导向	16	防护装置	转动零部件的外露部分应有防护罩等防护装置		
	17	制动器	制动性能良好,有手动松闸功能		
	18	齿条对接	相邻两齿条的对接处沿齿高方向的阶差应≤0.3 mm,沿长度的齿差应≤0.6 mm		
	19	齿轮齿条啮合	齿条应有90%以上的计算宽度参与啮合,且与齿轮的啮合侧隙应为 0.2 ~ 0.5 mm		
	20	导向轮及背轮	连接及润滑应良好,导向灵活,无明显侧倾现象		
附着装置	21	附墙架	应采用配套标准产品		
	22	附着间距	应符合使用说明书要求或设计要求		
	23	自由端高度	应符合使用说明书要求		
	24	与构筑物连接	应牢固可靠		
安全装置	25	防坠安全器	只能在有效标定期限内使用(应提供检测合格证)		
	26	防松绳开关	对重应设置防松绳开关		
	27	安全钩	安装位置及结构应能防止吊笼脱离导轨架或安全器的输出齿轮脱离齿条		
	28	上限位	安装位置:提升速度$v < 0.8$ m/s 时,留有上部安全距离应≥1.8 m;$v≥0.8$ m/s 时,留有上部安全距离应≥$1.8 + 0.1v^2$(m)		
	29	上极限开关	上极限开关应为非自动复位型,动作时能切断总电源,动作后须手动复位才能使吊笼启动		
	30	越程距离	上限位和上极限开关之间的越程距离应≥0.15 m		
	31	下限位	安装位置:应在吊笼制停时,距下极限开关一定距离		
	32	下极限开关	在正常工作状态下,吊笼碰到缓冲器之前,下极限开关应首先动作		

续表

名称	序号	检查项目	要求	检查结果	备注
电气系统	33	钢丝绳	应规格正确,且未达到报废标准		
	34	对重安装	应按使用说明书要求设置		
	35	对重导轨	接缝平整,导向良好		
	36	钢丝绳端部固结	应固结可靠。绳卡规格应与绳径匹配,其数量不得少于 3 个,间距不小于绳径的 6 倍,滑鞍应放在钢丝绳受力一侧		
	37	急停开关	应在便于操作处装设非自行复位的急停开关		
	38	绝缘电阻	电动机及电气元件(电子元器件部分除外)的对地绝缘电阻应≥0.5 MΩ;电气线路的对地绝缘电阻应≥1 MΩ		
	39	接地保护	电动机和电气设备金属外壳均应接地,接地电阻应≤4 Ω		
	40	失压、零位保护	灵敏、正确		
	41	电气线路	排列整齐,接地、零线分开		
	42	相序保护装置	应设置		
	43	通信联络装置	应设置		
	44	电缆与电缆导向	电缆应完好无破损,电缆导向架按规定设置		

自检结论:

检查人签字:　　　　　　　　　　　　　　　　　　　检查日期:　　　年　　　月　　　日

注:1.对不符合要求的项目应在备注栏具体说明,对要求量化的参数应填实测值。
　　2.本表由安装单位填写,报项目备查。

3.4　施工升降机安装验收表

施工升降机安装验收表

工程名称			工程地址		
设备型号			备案登记号		
设备生产厂			出厂编号		
出厂日期			安装高度		
安装负责人			安装日期		
检查结果代号说明		√ = 合格　　　○ = 整改后合格　　　× = 不合格　　　无 = 无此项			
检查项目	序号	内容和要求		检查结果	备注
主要部件	1	导轨架、附墙架连接安装齐全、牢固,位置正确			
	2	螺栓拧紧力矩达到技术要求,开口销完全撬开			
	3	导轨架安装垂直度满足要求			
	4	结构件无变形、开焊、裂纹			
	5	对重导轨符合使用说明书要求			
传动系统	6	钢丝绳规格正确,未达到报废标准			
	7	钢丝绳固定和编结符合标准要求			
	8	各部位滑轮转动灵活、可靠,无卡阻现象			
	9	齿条、齿轮、曳引轮符合标准要求、保险装置可靠			
	10	各机构转动平稳,无异常响声			
	11	各润滑点润滑良好,润滑油牌号正确			
	12	制动器、离合器动作灵活可靠			
电气系统	13	供电系统正常,额定电压值偏差不超过 ±5%			
	14	接触器、继电器接触良好			
	15	仪表、照明、报警系统完好可靠			
	16	控制、操纵装置动作灵活、可靠			
	17	各种电气安全保护装置齐全、可靠			
	18	电气系统对导轨架的绝缘电阻应 ≥0.5 MΩ			
	19	接地电阻应 ≤4 Ω			
安全系统	20	防坠安全器在有效标定期限内			
	21	防坠安全器灵敏可靠			
	22	超载保护装置灵敏可靠			
	23	上、下限位开关灵敏可靠			
	24	上、下极限开关灵敏可靠			
	25	急停开关灵敏可靠			
	26	安全钩完好			
	27	额定载重量标牌牢固清晰			
	28	地面防护围栏门、吊笼门继电联锁灵敏可靠			

续表

检查项目	序号	内容和要求		检查结果	备注
试运行	29	空载	双吊笼施工升降机应分别对两个吊笼进行试运行。试运行中吊笼应启动、制动正常,运行平稳,无异常现象		
	30	额定载重量			
	31	125%额定载重量			
坠落试验	32	吊笼制动后,结构及连接件应无任何损坏或永久变形,且制动距离应符合要求			
资料核查	33	安装单位安装自检表、法定检测单位检测报告、防坠器定期标定记录			
	34	安装单位资质、安全生产许可证、专项施工方案、安装人员资格证书			

验收结论:

总承包单位(盖章):　　　　　　　　　　　　　验收日期:　　年　　月　　日

总承包单位		参加人员签名	
使用单位		参加人员签名	
安装单位		参加人员签名	
监理单位		参加人员签名	
分包单位		参加人员签名	

注:1. 新安装的施工升降机及在用的施工升降机应至少每三个月进行一次额定载重量的坠落试验;新安装及大修后的施工升降机应作125%额定载重量试运行。

2. 对不符合要求的项目应在备注栏具体说明,对要求量化的参数应填实测值。

3. 本表在施工升降机经法定检测单位检测合格后,由分包单位完善签字手续,存项目备查。

3.5 施工升降机每月检查表

施工升降机每月检查表

设备型号			备案登记号			
工程名称			工程地址			
设备生产厂			出厂编号			
出厂日期			安装高度			
安装负责人			安装日期			
检查结果代号说明		√ = 合格　　○ = 整改后合格　　× = 不合格　　无 = 无此项				
名称	序号	检查项目	要　求		检查结果	备注
标志	1	统一编号牌	应设置在规定位置			
	2	警示标志	吊笼内应有安全操作规程,操纵按钮及其他危险处应有醒目的警示标志,施工升降机应设限载和楼层标志			
基础和围护设施	3	地面防护围栏门及机电联锁保护装置	应装机电联锁装置,吊笼位于底部规定位置地面防护围栏门才能打开,凡地面防护围栏门开启后吊笼不能启动			
	4	地面防护围栏	基础上吊笼和对重升降通道周围应设置防护围栏,地面防护围栏高≥1.8 m			
	5	安全防护区	当施工升降机基础下方有施工作业区时,应加设防对重坠落伤人的安全防护区及其安全防护措施			
	6	电缆收集筒	固定可靠、电缆能正确导入			
	7	缓冲弹簧	应完好			
金属结构件	8	金属结构件外观	无明显变形、脱焊、开裂和锈蚀			
	9	螺栓连接	紧固件安装准确、紧固可靠			
	10	销轴连接	销轴连接定位可靠			
	11	导轨架垂直度	架设高度 h(m)　　　垂直度偏差(mm) $h \leqslant 70$　　　　$\leqslant (1/1\,000)h$ $70 < h \leqslant 100$　　　$\leqslant 70$ $100 < h \leqslant 150$　　$\leqslant 90$ $150 < h \leqslant 200$　　$\leqslant 110$ $h > 200$　　　　$\leqslant 130$			
			对 SS 型施工升降机,垂直度偏差应$\leqslant (1.5/1\,000)h$			

续表

名称	序号	检查项目	要 求	检查结果	备注
吊笼及层门	12	紧急逃离门	应完好		
	13	吊笼顶部护栏	应完好		
	14	吊笼门	开启正常,机电联锁有效		
	15	层门	应完好		
传动及导向	16	防护装置	转动零部件的外露部分应有防护罩等防护装置		
	17	制动器	制动性能良好,手动松闸功能正常		
	18	齿轮齿条啮合	齿条应有90%以上的计算宽度参与啮合,且与齿轮的啮合侧隙应为0.2~0.5 mm		
	19	导向轮及背轮	连接及润滑应良好、导向灵活、无明显侧倾现象		
	20	润滑	无漏油现象		
附着装置	21	附墙架	应采用配套标准产品		
	22	附着间距	应符合使用说明书要求或设计要求		
	23	自由端高度	应符合使用说明书要求		
	24	与构筑物连接	应牢固可靠		
安全装置	25	防坠安全器	应在有效标定期限内使用		
	26	防松绳开关	应有效		
	27	安全钩	应完好有效		
	28	上限位	安装位置:提升速度 $v<0.8$ m/s 时,留有上部安全距离应 ≥1.8 m;$v\geq0.8$ m/s 时,留有上部安全距离应 $\geq1.8+0.1v^2$(m)		
	29	上极限开关	上极限开关应为非自动复位型,动作时能切断总电源,动作后须手动复位才能使吊笼启动		
	30	越程距离	上限位和上极限开关之间的越程距离应 ≥0.15 m		
	31	下限位	应完好有效		
	32	下极限开关	应完好有效		
	33	紧急逃离门安全开关	应有效		
	34	急停开关	应有效		

续表

名称	序号	检查项目	要　求	检查结果	备注
电气系统	35	绝缘电阻	电动机及电气元件(电子元器件部分除外)的对地绝缘电阻应≥0.5 MΩ;电气线路的对地绝缘电阻应≥1 MΩ		
	36	接地保护	电动机和电气设备金属外壳均应接地,接地电阻应≤4 Ω		
	37	失压、零位保护	灵敏、正确		
	38	电气线路	排列整齐,接地、零线分开		
	39	相序保护装置	应设置		
	40	通信联络装置	应设置		
	41	电缆与电缆导向	电缆应完好无破损,电缆导向架按规定设置		
对重和钢丝绳	42	钢丝绳	应规格正确,且未达到报废标准		
	43	对重导轨	接缝平整,导向良好		
	44	钢丝绳端部固结	应固结可靠。绳卡规格应与绳径匹配,其数量不得少于 3 个,间距不小于绳径的 6 倍,滑鞍应放在受力一侧		

自检结论:

　　　　　　　　　　　　　　　　　　　　分包单位检查人签字:
　　　　　　　　　　　　　　　　　　　　使用单位检查人签字:

　　　　　　　　　　　　　　　　　　检查日期:　　　年　　　月　　　日

注:对不符合要求的项目应在备注栏具体说明,对要求量化的参数应填实测值。

3.6 施工升降机维修、保养记录

施工升降机维修、保养记录

工程名称				
设备名称及型号		设备编号		
日期	维修内容(保修类别)	更换配件及油料数量	机修工	验收人

注:本表由分包单位填写。

3.7 施工升降机运行故障、修理记录

施工升降机运行故障、修理记录

设备注册代码	使用证编码	设备名称（型号）	出厂编号	单位内部编号	投用日期	安装地址	使用状态
故障、修理记录							
日期		故障、修理内容				记录人	备注

注：本表由分包单位填写。

3.8　施工升降机司机交接班记录

施工升降机司机交接班记录

规格型号：　　　　　　　　　　　　　　机械编号：

工程名称				设备名称		
交接班时间 （　月　日　时）			设备运转情况及故障		交班人	接班人

注：本表由司机填写。

3.9　施工升降机运转记录表

施工升降机运转记录表

年　　月

使用单位：

机械名称：　　　　　机械编号：　　　　　规格：

日期	1	2	3	4	5	6	7	8	9	10	11	12	13	14	15	16	17	18	19	20	21	22	23	24	25	26	27	28	29	30	31
运转																															
停机																															
备注	1. 本月运转总台班：　　　台班 2. 本月停机总台班：　　　台班 3. 本月停修总台班：　　　台班 4. 本月油料费：　　　元 5. 其他费：　　　元																														

使用单位负责人：　　　　　　　　　　　　　　设备操作人：

施工企业与物料提升机分包单位合同

（略）

施工企业与设备分包单位安全管理协议书

（略，内容同施工企业与特种设备分包单位安全管理协议书）

第4章　物料提升机

4.1　物料提升机分包相关资料

物料提升机分包单位提供的有效资料复印件

（加盖分包单位红章）

特种设备制造许可证及明细　制造监督检验证
产品合格证　行业推荐书　使用说明书
营业执照　行业确认书
产权备案证明　安装自检记录
本机操作工岗位责任人有效资格证书

4.2　物料提升机基础

钢筋隐蔽验收记录

（略）

混凝土试块强度报告

（略）

物料提升机基础验收记录

工程名称						
设备型号及编号		混凝土设计等级		基础浇筑时间	年 月 日	

地基与基础		序号	塔吊基础	规定	检查记录	
隐蔽工程内容	采用图纸代号	1	混凝土强度等级是否符合要求	符合设计要求,评定合格		
		2	钢筋是否符合设计要求	符合设计要求		
	地基持力层情况	3	断面、平面几何尺寸是否符合要求	±5 mm		
		4	顶面标高、表面平整度是否符合要求	±5/±2 mm		
	基础地耐力	5	预埋铁件尺寸、预埋螺栓尺寸	±5/±1 mm		
		6	预埋脚柱(底节)主弦杠垂直度	1‰		
		7	基础有无可靠排水措施	符合设计要求		

基础示图	

验收意见	

项目经理:	技术负责人:	安装单位:	监理单位:
年 月 日	年 月 日	年 月 日	年 月 日

4.3 物料提升机附着装置(缆风绳)预埋件验收记录表

物料提升机附着装置(缆风绳)预埋件验收记录

规格型号：　　　　　　　　　　　机械编号：

架体高度		各道附着间距		附着道数	
与建筑物水平附着距离				附着装置负责人	
验收项目	安全技术要求				验收结果
附着装置（连墙件）	1. 按方案规定或使用说明书设置。 2. 建筑物上附着点布置和强度符合要求。 3. 附着装置(连墙件)材质和做法符合要求。 4. 建筑物首层、顶层必须各设置一道，中间间距不大于9 m设一组，严禁与脚手架等临时设施连接。 5. 各连墙件间隔安装高度符合要求。 6. 八字撑角度正确。 7. 连墙件固定扣件紧固锁定，拉结牢固。 8. 连墙件不得与防护架外脚手架支模架相连				
缆风绳	9. 钢丝绳、绳卡符合使用说明。 10. 缆风绳高度在20 m以下设一组，在高于20 m低于30 m之间搭设一组，角度45°~60°。 11. 地锚埋设深度符合说明书要求。 12. 钢丝绳与地锚连接牢固、绳卡符合要求				
验收结论	技术负责人： 项目部安全员： 项目部机管员： 安装负责人： 操作人： 　　　　年　　月　　日				

4.4 物料提升机安装验收表

物料提升机安装验收表

工程名称		安装单位	
施工单位		项目负责人	
设备型号		设备编号	
安装高度		附着形式	
安装时间			

验收项目	验收内容及要求	实测结果	结论(合格√,不合格×)
1. 基础	基础承载力符合要求		
	基础表面平整度符合说明书要求		
	基础混凝土强度等级符合要求		
	基础周边有排水设施		
	与输电线路的水平距离符合要求		
2. 导轨架	各标准节无变形、开焊及严重锈蚀		
	各节点螺栓紧固力矩符合要求		
	导轨架垂直度≤0.15%,导轨对接阶差≤1.5 m		
3. 动力系统	卷扬机卷筒节径与钢丝绳直径的比值≥30		
	吊笼处于最低位置时,卷筒上的钢丝绳不应少于3圈		
	曳引轮直径与钢丝绳的包角≥150°		
	卷扬机(曳引机)固定牢固		
	制动器、离合器工作可靠		
4. 钢丝绳与滑轮	钢丝绳安全系数符合设计要求		
	钢丝绳断丝、磨损未达到报废标准		
	钢丝绳及绳夹规格匹配,紧固有效		
	滑轮直径与钢丝绳直径的比值≥30		
	滑轮磨损未达到报废标准		
5. 吊笼	吊笼结构完好,无变形		
	吊笼安全门开启灵活有效		
6. 电气系统	供电系统正常,电源电压380 V(±5%)		
	电气设备绝缘电阻值≥0.5 MΩ,重复接地电阻≤10 Ω		
	短路保护、过电流保护和漏电保护齐全可靠		

续表

验收项目	验收内容及要求	实测结果	结论(合格√,不合格×)
7. 附墙架	附墙架结构符合说明书的要求		
	自由端高度、附墙架间距≤6 m,且符合设计要求		
8. 缆风绳与地锚	缆风绳的设置组数及位置符合说明书要求		
	缆风绳与导轨架连接处有防剪切措施		
	缆风绳与地锚夹角在45°~60°		
	缆风绳与地锚用花篮螺栓连接		
9. 安全与防护装置	防坠安全器在标定期限内,且灵敏可靠		
	起重量限制器灵敏可靠,误差值不大于额定值的5%		
	安全停层装置灵敏有效		
	限位开关灵敏可靠,安全越程≥3 m		
	进料门口、停层平台门高度及强度符合要求,且达到工具化、标准化要求		
	停层平台及两侧防护栏杆搭设高度符合要求		
	进料口防护棚长度≥3 m,且强度符合要求		
10. 资料核查	出租、安装单位的营业执照、资质证书、安全生产许可证及安装拆卸人员资格证书、专项方案		
	生产厂家特种设备生产安全认证、产品合格证、防坠器定期标定记录、安装单位自检报告、检测报告		
	操作人员资格证书		

验收结论:

　　

　　

　　

　　

　　

　　　　　　　　　　　　　　验收负责人:　　　　　　　　验收日期:　　年　月　日

安装单位		验收人	
分包单位		验收人	
使用单位		验收人	
施工总承包单位		验收人	
监理单位		验收人	

注:本表由分包单位在委托检测合格后填写,完善签字手续后报项目部备案。

4.5 物料提升机定期检查记录表

物料提升机定期检查记录表

工程名称				
提升机型号			检查日期	
检查项目及标准				
序号	检查项目	检查内容		检查结果
一	设备状况	1. 合格证、许可证、说明书等证件齐全		
		2. 有专项安拆方案,设计合理,计算准确,措施全面		
		3. 经安监部门审查备案,验收合格后准予使用		
二	基础	1. 几何尺寸、混凝土强度、地脚螺栓、配筋符合图纸要求		
		2. 基础土壤承载力符合本机说明书要求		
		3. 有排水措施,井架内无积水、无杂物堆放,清理干净		
三	外观检查	1. 金属构件无扭曲、变形、腐蚀、脱焊		
		2. 紧固件无松动,并牢固锁定		
		3. 所有零部件安装齐全到位,无缺漏		
四	卷扬机操作	1. 卷扬机有符合要求的防护棚,顶部双层防护,内挂操作规程牌		
		2. 卷扬机有可靠防护罩,地锚符合要求		
		3. 钢丝绳完好无损,缠绕整齐,并有滑脱保险装置		
		4. 钢丝绳有过路保护,无拖地、锈蚀、缺油现象,绳卡设置合理		
		5. 操作工持证上岗,其位置能看清吊盘在各楼层的运行情况		
五	传动系统	1. 传动平稳、润滑良好,滑轮运转正常,匹配合理		
		2. 各部操作平稳、灵活		
		3. 停止、启动无下滑		
六	导引系统	1. 立柱垂直度偏差小于 1.5‰		
		2. 立柱自由端高度符合要求($\leqslant 6$ m)		
		3. 吊篮通畅无障碍,滚轮转动灵活,前后防护门齐全,运行平稳无倾斜,未偏离井架中心线		

续表

序号	检查项目	检查内容	检查结果
七	电气系统	1. 开关箱符合"一机一闸一漏一箱"要求	
		2. 卷扬机自动按钮操作,简便灵活,接地接零符合要求	
		3. 电气设备的绝缘电阻值大于 0.5 MΩ	
		4. 避雷及保护接地电阻小于 10 Ω	
八	安全系统	1. 上下限位开关动作、超载限制器动作正常,地面缓冲装置可靠	
		2. 防断绳装置功能可靠,防断电坠落功能可靠,防冲顶距离≥3 m	
		3. 分层停靠装置灵活、可靠,楼层停靠支件安装齐全	
九	附着系统	1. 各连墙件间隔安装高度符合要求	
		2. 连墙件材质和做法符合要求,无漏设或拆除现象,八字撑角度正确	
		3. 连墙件固定扣件紧固锁定,拉结牢固	
		4. 连墙件形式符合要求,不得与防护架、外脚手架、支模架相连	
十	安全防护	1. 进料口防护棚外延≥3 m,顶部双层防护,周边有 20 cm 高栏板,进料口有自动防护门	
		2. 提升机防护架搭设不变形,牢固,且周边安全网防护严密,其开口处有加固措施	
十一	卸料平台	1. 搭设牢固,符合设计要求,有足够的承载力	
		2. 脚手板铺设严密,两侧栏杆防护到位	
		3. 有工具式安全防护门,且运转灵活	
检查结论		检查人员	
			年　月　日

4.6 物料提升机维修、保养记录

物料提升机维修、保养记录

工程名称				
设备名称及型号		设备编号		
日期	维修内容(保修类别)	更换配件及油料数量	机修工	验收人

注:本表由分包单位填写。

4.7 物料提升机运行故障、修理记录

4.8 物料提升机运转记录表

物料提升机运行故障、修理记录

设备注册代码	使用证编码	设备名称（型号）	出厂编号	单位内部编号	投用日期	安装地址	使用状态

	故障、修理记录						
日期	故障、修理内容					记录人	备注

注：本表由分包单位填写。

物料提升机运转记录表

年　月

使用单位：

机械名称：　　　　　机械编号：　　　　　规格：

日期	1	2	3	4	5	6	7	8	9	10	11	12	13	14	15	16	17	18	19	20	21	22	23	24	25	26	27	28	29	30	31
运转																															
停机																															

备注

1. 本月运转总台班：　　　台班

2. 本月停机总台班：　　　台班

3. 本月停修总台班：　　　台班

4. 本月油料费：　　　元

5. 其他费：　　　元

使用单位负责人：　　　　　设备操作人：

第 5 章　附着式升降脚手架

5.1　附着式升降脚手架分包相关资料

施工企业与附着式升降脚手架分包单位

合同书及安全协议

（略）

附着式升降脚手架分包单位提供的有效资质证件

（加盖分包单位红章）

住建部鉴定证书　产品合格证　产品使用说明书

产品性能检验报告　防坠器、同步装置合格证

提升设备合格证　鉴定(评估)合格证

操作规程和检验规程　营业执照　资质证书

安全生产许可证　备案登记表　安、拆人员有效考核合格证书

安装、拆除专项方案(含设计计算书)　安装完毕后的自检报告等

5.2 附着式升降脚手架首次安装完毕及使用前检查验收表

附着式升降脚手架首次安装完毕及使用前检查验收表

工程名称		结构形式	
建筑面积		机位布置情况	
总包单位		项目经理	
专业分包		项目经理	
安拆单位		项目经理	

序号		检查项目	标准	检查结果
1	保证项目	竖向主框架	各杆件的轴线应会交于节点处,并应采用螺栓或焊接连接,如不会交于一点,应进行附加弯矩计算	
2			各节点应焊接或螺栓连接	
3			相邻竖向主框架的高差≤30 mm	
4		水平支承桁架	桁架上、下弦应采用整根通长杆件,或设置刚性接头;腹杆上、下弦连接采用焊接或螺栓连接	
5			桁架各杆件的轴线应相交于节点上,并宜采用节点板构造连接,节点板的厚度不得小于6 mm	
6		架体构造	空间几何不变体系的稳定结构	
7		立杆支承位置	架体构架的立杆底端应放置在上弦节点各轴线的交会处	
8		立杆间距	应符合现行行业标准《建筑施工扣件式钢管脚手架安全技术规范》(JGJ 130)中小于等于1.5 m的要求	
9		纵向水平杆的步距	应符合现行行业标准《建筑施工扣件式钢管脚手架安全技术规范》(JGJ 130)中小于等于1.8 m的要求	
10		剪刀撑设置	水平夹角应满足45°~60°	
11		脚手板设置	架体底部铺设严密,与墙体无间隙,操作层脚手板应铺满、铺牢,孔洞直径小于25 mm	
12		扣件拧紧力矩	40~65 N·m	

续表

序号	检查项目		标准	检查结果
13	保证项目	附墙支架	每个竖向主框架所覆盖的每一楼层处应设置一道附墙支座	
14			使用工况,应将竖向主框架固定于附墙支座上	
15			升降工况,附墙支座上应设有防倾、导向的结构装置	
16			附墙支座应采用锚固螺栓与建筑物连接,受拉螺栓的螺母不得少于两个或采用单螺母加弹簧垫圈	
17			附墙支座支承在建筑物上连接处混凝土的强度应按设计要求确定,但不得小于 C10	
18		架体构造尺寸	架高≤5 倍层高	
19			架宽≤1.2 m	
20			架体全高×支承跨度≤110 m²	
21			支承跨度直线型≤7 m	
22			支承跨度折线或曲线型架体,相邻两主框架支撑点处的架体外侧距离≤5.4 m	
23			水平悬挑长度不大于 2 m,且不大于跨度的 1/2	
24			升降工况上端悬臂高度不大于 2/5 架体高度且不大于 6 m	
25			水平悬挑端以竖向主框架为中心,对称斜拉杆水平夹角≥45°	
26		防坠落装置	防坠落装置应设置在竖向主框架处并附着在建筑结构上	
27			每一升降点不得少于一个,在使用和升降工况下都能起作用	
28			防坠落装置与升降设备应分别独立固定在建筑结构上	
29			应具有防尘防污染的措施,并应灵敏可靠和运转自如	
30			钢吊杆式防坠落装置,钢吊杆规格应由计算确定,且不应小于 $\phi 25$ mm	
31			防倾覆装置中应包括导轨和两个以上与导轨连接的可滑动的导向件	

续表

序号	检查项目		标准	检查结果
32	保证项目	防倾覆设置情况	在防倾导向件的范围内应设置防倾覆导轨,且应与竖向主框架可靠连接	
33			在升降和使用两种工况下,最上和最下两个导向件之间的最小间距不得小于2.8 m或架体高度的1/4	
34			应具有防止竖向主框架倾斜的功能	
35			应用螺栓与附墙支座连接,其装置与导轨之间的间隙应小于5 mm	
36		同步装置设置情况	连续式水平支承桁架,应采用限制荷载自控系统	
37			简支静定水平支承桁架,应采用水平高差同步自控系统,若设备受限时可选择限制荷载自控系统	
38	一般项目	防护设施	密目式安全立网规格型号≥2 000 目/100 cm^2,≥3 kg/张	
39			防护栏杆高度为1.2 m	
40			挡脚板高度为180 mm	
41			架体底层脚手板铺设严密,与墙体无间隙	

检查结论				
检查人签字	总包单位	劳务分包单位	专业分包单位	安拆单位

符合要求,同意使用( )

不符合要求,不同意使用( )

总监理工程师(签字):

年 月 日

注:本表由施工单位填报,监理单位、施工单位、专业分包单位、安拆单位各存一份。

5.3　附着式升降脚手架提升、下降作业前检查验收表

附着式升降脚手架提升、下降作业前检查验收表

工程名称		结构形式	
建筑面积		机位布置情况	
总包单位		项目经理	
专业分包单位		项目经理	
安拆单位		项目经理	

序号	检查项目		标准	检查结果
1		支承结构与工程结构连接处混凝土强度	达到专项方案计算值,且≥C10	
2		附墙支座设置情况	每个竖向主框架所覆盖的每一楼层处应设置一道附墙支座	
3			附墙支座上应设有完整的防坠、防倾、导向装置	
4		升降装置设置情况	单跨升降式可采用手动葫芦;整体升降式应采用电动葫芦或液压设备;应启动灵敏,运转可靠,旋转方向正确;控制柜工作正常,功能齐备	
5	保证项目	防坠落装置设置情况	防坠落装置应设置在竖向主框架处并附着在建筑结构上	
6			每一升降点不得少于一个,在使用和升降工况下都能起作用	
7			防坠落装置与升降设备应分别独立固定在建筑结构上	
8			应具有防尘防污染的措施,并应灵敏可靠和运转自如	
9			设置方法及部位正确,灵敏可靠,不应人为失效和减少	
10			钢吊杆式防坠落装置,钢吊杆规格应由设计确定,且不应小于ϕ25 mm	
11		防倾覆装置设置情况	防倾覆装置中应包括导轨和两个以上与导轨连接的可滑动的导向件	
12			在防倾覆导向件的范围内应设置防倾覆导轨,且应与竖向主框架可靠连接	
13			在升降和使用两种工况下,最上和最下两个导向件之间的最小距离不得小于2.8 m或架体高度的1/4	
14		建筑物的障碍物清理情况	无障碍物阻碍外架的正常滑升	

续表

序号	检查项目	标准	检查结果
15	保证项目	架体构架上的连墙杆	应全部拆除	
16		塔吊或施工电梯附墙装置	符合专项施工方案的规定	
17		专项施工方案	符合专项施工方案的规定	
18	一般项目	操作人员	经过安全技术交底并持证上岗	
19		运行指挥人员、通信设备	人员已到位,设备正常工作	
20		监督检查人员	总包单位和监理单位人员已到场	
21		电缆线路、开关箱	符合现行行业标准《施工现场临时用电安全技术规范》(JGJ 46—2005)中对线路负荷计算的要求;设置专用的开关箱	

检查结论	层至 层			
检查人签字	总包单位	劳务分包单位	专业分包单位	安拆单位

符合要求,同意使用( )

不符合要求,不同意使用( )

总监理工程师(签字):

年 月 日

注:本表由施工单位填报,监理单位、施工单位、专业分包单位、安拆单位各存一份。

第6章　高处作业吊篮

6.1　吊篮分包相关资料

施工企业与吊篮分包单位合同

（略）

施工企业与吊篮分包单位安全管理协议书

施工单位:(以下称甲方) _____

分包单位:(以下称乙方) _____

为了切实落实安全生产责任,确保施工人员在生产过程中的安全健康,保证施工的顺利进行,依据《安全生产法》、《建设工程安全生产管理条例》及有关法律、法规,遵循平等、公平和诚实守信的原则,甲、乙双方就吊篮脚手架安装、使用、维修、安全生产管理事宜达成以下协议:

一、甲方责任:

1.负责对乙方的电动吊篮生产厂家的资质、产品的合格证、施工方案、设计计算书的审批,吊篮安装单位资质及施工使用登记、安装拆除作业人员上岗证等资料的审核,不符合要求的立即补办齐全。

2.负责对乙方吊篮安装、拆除的监督、检查、验收,并按照吊篮操作规程及规范要求所检查出的安全问题,要求乙方立即整改。

3.负责对操作的施工人员进行安全交底,确保吊篮不与其他机械及设施交叉施工,不得超载运行,不得载非操作人员上下,严格遵守安全制度,爱护吊篮设施。

4.吊篮在运行过程中发生故障,甲方应马上停止使用并及时通知乙方的人员维修。

5.甲方提供吊篮配电箱,并由甲方电工负责接好各路电源。

二、乙方责任：

1. 按甲方的租用数量及时派持有特种作业操作证的人员到甲方工地指导安装，并严格检查各安装部位是否达到安全规范要求，调试运行正常后，组织四方单位（安装单位、施工单位、监理单位、建设单位）共同验收，验收合格后方可交付甲方使用。

2. 协同甲方对施工人员进行岗前技术培训、技术交底，使其熟悉并能掌握吊篮各部位性能，以达到安全运行。

3. 甲方对乙方所提出的安全隐患问题，乙方如未在限期内整改完毕，因此所出现被罚或安全事故由乙方承担。

4. 乙方应按照"吊篮安全操作规程"监督甲方人员安全操作，如发现甲方有违规操作行为，有权停止作业。

5. 乙方应对"非人为损坏"负责，如安全锁失灵，提升机因产品不合格出现故障，电磁制动三相异步电动机因产品不合格出现故障，电缆线、钢丝绳、保险绳因不符合规定出现断裂，不加垫子造成磨损或绑扎不牢固，法兰螺栓不合格，钢丝绳卡环螺丝未按规定拧紧，各部件螺丝松动，配重未按规定设压或配重脱掉造成伤亡安全事故，后果由乙方承担。

6. 电器修理工必须持有特种作业操作证，且负责配电箱及吊篮配电箱的接电维修工作。

7. 乙方维修人员遵守甲方制定的各种规章制度，听从管理人员的工作安排，应正确佩戴安全帽，高空吊篮内维修系好安全带。不戴安全帽罚款 50 元/次，不系安全带罚款 200 元/次。

三、双方义务：

1. 认真贯彻国家、地方及上级有关安全生产的方针、政策，严格执行安全生产的法律、法规标准，各自明确安全责任，保证安全生产的落实。

2. 对违章指挥、违章作业和违反劳动纪律的行为要及时制止。

3. 发生事故应当迅速采取有效措施，组织抢救伤者，保护好现场，并向上级有关部门报告。

四、协议书的生效与终止：

本协议书作为明确安全责任，自签定之日起生效，拆除完工后协议终止。

五、协议份数：

本协议一式两份，甲、乙双方各执一份。

甲方（公章）　　　　　　　　　　　乙方（公章）

甲方代表人：　　　　　　　　　　　乙方代表人：

　　　　　　　　　　　　　　　　　签订时间：　　　年　月　日

吊篮分包单位提供的有效资料复印件

（加盖红章）

制造许可证　吊篮合格证(产品型号、设备编号)
使用说明书　鉴定证书　安全锁标定记录　型式检验报告
营业执照　资质证书　安全生产许可证　行业确认书
备案登记证(一机一证)　装拆方案
装拆作业人员有效考核合格证书等

6.2　高处作业吊篮使用验收表

高处作业吊篮使用验收表

工程名称		结构形式	
建筑面积		机位布置情况	
总包单位		项目经理	
专业分包		项目经理	
安拆单位		项目经理	

续表

序号	检查项目		标准	检查结果
1	保证项目	悬挑机构	悬挑机构的连接销轴规格与安装孔相符并用锁定销可靠锁定	
			悬挑机构稳定,前支架受力点平整,结构强度满足要求	
			悬挑机构抗倾覆系数大于等于2,配重铁足量稳妥安放,锚固点结构强度满足要求	
2		吊篮平台	吊篮平台组装符合产品说明书要求	
			吊篮平台无明显变形和严重锈蚀及大量附着物	
			连接螺栓无遗漏并拧紧	
3		操控系统	供电系统符合施工现场临时用电安全规范技术要求	
			电气控制柜各种安全保护装置齐全、可靠,控制器件灵敏可靠	
			电缆无破损裸露,收放自如	
4		安全装置	安全锁灵敏可靠,在标定有效期内,离心触发式制动距离小于等于200 mm,摆臂防倾3°~8°锁绳	
			独立设置锦纶安全绳,锦纶绳直径不小于16 mm,锁绳器符合要求,安全绳与结构固定点的连接可靠	
			行程限位装置是否正确稳固,灵敏可靠	
			超高限位器止挡装置在距顶端80 cm处固定	

续表

序号	检查项目		标准	检查结果
5	保证项目	钢丝绳	动力钢丝绳、安全钢丝绳及锁具的规格型号符合产品说明书要求	
			钢丝绳无断丝、断股、松股、硬弯、锈蚀,无油污及附着物	
			钢丝绳的安装稳妥、可靠	
6	一般项目	技术资料	吊篮安装符合施工方案	
			安装、操作人员的资格证书	
			防护架钢结构构件产品合格证	
			产品标牌内容完整(产品名称、主要技术性能、制造日期、出厂编号、制造厂名称)	
7		防护	施工现场安全防护措施落实、划定安全区、设置安全警示标志	

验收结论				

验收人签字	总包单位	劳务分包单位	吊篮专业分包	安拆单位

监理单位验收:

　　符合验收程序,同意使用(　　　　)

　　不符合验收程序,重新组织验收(　　　　　)

　　　　　　　　　　　　　　　　总监理工程师(签字):

　　　　　　　　　　　　　　　　　　　　年　　月　　日

注:本表由施工单位填报,监理单位、施工单位、专业分包、安拆单位各存一份。

6.3 高处作业吊篮日常检查表

高处作业吊篮日常检查表

工程名称：　　　　设备型号：　　　　检查人：　　　　检查日期：　　　　

检查项目		设备编号												
		1	2	3	4	5	6	7	8	9	10	11	12	13
悬挂机构	配重数量是否符合要求,有无缺损													
	钢丝绳是否有断丝,扭结													
	安全绳有否损伤,自锁是否灵敏													
	悬臂架连接是否可靠													
	螺栓、绳夹是否松动													
	螺栓是否松动,底板是否破损													
	安全锁是否可靠、灵敏,在标定期内													
	各限位开关是否可靠、灵敏													
	电气装置、电缆线是否完好													
吊篮	提升机与悬吊平台的连接是否松动、裂纹、变形,是否有异常声音和振动													
	将悬吊平台升至离地面2~3 m作业上下运行2~3次,是否正常													

备注：

填写要求:1.正常用"√"表示,异常用"×"表示。
2.发现异常的,须及时整改,且将其结果填写在备注栏内。

参 考 文 献

[1] 中华人民共和国住房和城乡建设部.GB 50656—2011 建筑施工企业安全生产管理规范[S].北京:中国计划出版社,2012.

[2] 中华人民共和国住房和城乡建设部.GB 50870—2013 建筑施工安全技术统一规范[S].北京:中国计划出版社,2013.

[3] 中华人民共和国住房和城乡建设部.JGJ 59—2011 建筑施工安全检查标准[S].北京:中国建筑工业出版社,2012.

[4] 中华人民共和国住房和城乡建设部.JGJ 130—2011 建筑施工扣件式钢管脚手架安全技术规范[S].北京:中国建筑工业出版社,2011.

[5] 中华人民共和国住房和城乡建设部.JGJ 202—2010 建筑施工工具式脚手架安全技术规范[S].北京:中国建筑工业出版社,2010.

[6] 中华人民共和国住房和城乡建设部.JGJ 128—2010 建筑施工门式钢管脚手架安全技术规范[S].北京:中国建筑工业出版社,2010.

[7] 中华人民共和国建设部.JGJ 46—2005 施工现场临时用电安全技术规范[S].北京:中国建筑工业出版社,2005.

[8] 中华人民共和国住房和城乡建设部.JGJ 120—2012 建筑基坑支护技术规程[S].北京:中国建筑工业出版社,2012.

[9] 中华人民共和国住房和城乡建设部.JGJ 300—2013 建筑施工临时支撑结构技术规范[S].北京:中国建筑工业出版社,2013.

[10] 中华人民共和国住房和城乡建设部.JGJ 162—2008 建筑施工模板安全技术规范[S].北京:中国建筑工业出版社,2008.

[11] 中华人民共和国住房和城乡建设部.JGJ 215—2010 建筑施工升降机安装、使用、拆卸安全技术规程[S].北京:中国建筑工业出版社,2010.

[12] 中华人民共和国住房和城乡建设部.JGJ 196—2010 建筑施工塔式起重机安装、使用、拆卸安全技术规程[S].北京:中国建筑工业出版社,2010.

[13] 中华人民共和国住房和城乡建设部.JGJ 88—2010 龙门架及井架物料提升机安全技术规范[S].北京:中国建筑工业出版社,2010.

[14] 中华人民共和国住房和城乡建设部.JGJ 305—2013 建筑施工升降设备设施检验标准[S].北京:中国建筑工业出版社,2013.

[15] 中华人民共和国住房和城乡建设部.JGJ 146—2013 建设工程施工现场环境与卫生标准[S].北京:中国建筑工业出版社,2013.

[16] 本书编委会.安全员一本通[M].2 版.北京:中国建材工业出版社,2012.